Special Thanks to

세상이 아무리 바쁘게 돌아가더라도
책까지 아무렇게나 빨리 만들 수는 없습니다.

길벗은 독자 여러분이
가장 쉽게, 가장 빨리 배울 수 있는 책을
한 권 한 권 정성을 다해 만들겠습니다.

독자의 1초를 아껴주는 정성을
만나보세요.

과학 교과서가 쉬워지는

은혜로운 과학 생활

서은혜 지음

길벗

은혜로운 과학생활 🌱

초판 발행 · 2023년 7월 25일
초판 3쇄 발행 · 2024년 7월 22일

지은이 · 서은혜
발행인 · 이종원
발행처 · (주)도서출판 길벗
출판사 등록일 · 1990년 12월 24일
주소 · 서울시 마포구 월드컵로 10길 56(서교동)
대표전화 · 02)332-0931 | **팩스** · 02)323-0586
홈페이지 · www.gilbut.co.kr | **이메일** · gilbut@gilbut.co.kr

기획 및 책임 편집 · 김윤지(yunjikim@gilbut.co.kr)
디자인 · 장기춘 | **제작** · 이준호, 손일순, 이진혁, 김우식
마케팅 · 진창섭, 강요한, 송예슬 | **영업관리** · 김명자 | **독자지원** · 윤정아, 최희창

교정교열 · 황진주 | **전산 편집** · 도설아 | **출력 및 인쇄** · 예림인쇄 | **제본** · 예림인쇄

ISBN 979-11-407-0516-0 43400   (길벗 도서번호 080362)

정가 22,000원

독자의 1초를 아껴주는 정성 **길벗출판사**
(주)도서출판 길벗 IT교육서, IT단행본, 경제경영서, 어학&실용서, 인문교양서, 자녀교육서 www.gilbut.co.kr
길벗스쿨 국어학습, 수학학습, 어린이교양, 주니어 어학학습, 학습단행본 www.gilbutschool.co.kr

머리말

과학책을 펼치면 나오는 딱딱하고 어려운 용어들과 복잡한 그림을 보면 공부하고 싶은 마음이 싹 사라지지 않나요? 물론 과학은 쉬운 과목이 아닙니다. 하지만 '과학이 재밌다'라고 말하는 학생들도 종종 있습니다. 그 학생들은 '아하~!' 하고 과학의 원리를 깨닫는 경험을 했기 때문입니다.

과학은 원리를 이해하는 순간 정말 재밌어집니다. 아직 학생이기 때문에 모든 과학 원리를 이해할 수는 없겠지만, 이 책을 통해 최대한 쉽게 이해할 수 있도록 직접 그린 그림들을 넣어 설명했습니다. 또한 중학생의 눈높이에 맞춰 중요한 부분을 콕콕 짚어 설명했습니다.

이 책에는 새로운 장이 시작될 때마다 유튜브 영상으로 책의 내용을 이해할 수 있는 QR 코드가 있습니다. 영상으로 보면 시간도 절약되고 시각적으로 이해가 더 잘 될 텐데 왜 꼭 책을 읽어야 할까요? 왜냐하면 사람마다 내용을 이해하고 생각을 정리하는 데 필요한 시간이 다 다르기 때문입니다. 내용을 천천히 읽으면서 이해가 되지 않는 부분을 다시 읽어보기도 하고, 잠시 멈추어 생각을 정리하는 시간이 있어야 책의 내용을 내 것으로 만들 수 있습니다. 따라서 이 책을 먼저 천천히 읽으며 나만의 속도로 내용을 이해한 다음에, 영상을 보며 시각적으로 정리한다면 가장 효과적인 공부 방법이 될 것입니다. 이 책을 읽으며 과학의 원리를 깨닫는 경험을 하고 과학이 재밌어지는 기회를 얻길 바랍니다.

부족한 제가 책을 쓸 수 있게 지혜를 주신 하나님께 감사드립니다. 또한 옆에서 힘이 되어준 남편과 암 투병을 잘 이겨낸 엄마 그리고 늘 든든한 가족들, 고맙고 사랑합니다.

지은이 서은혜

이 책의 구성 및 활용법

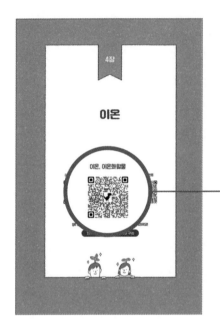

강의 보기

QR 코드를 스캔하면 은혜쌤의 유튜브 강의 영상을 바로 볼 수 있어요.
또는 '은혜로운 과학생활' 유튜브 채널에 방문하면 유익한 영상 콘텐츠를 더 볼 수 있어요!

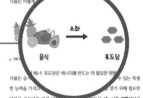

시각적인 자료

은혜쌤이 직접 그린 자세하고 귀여운 그림을 함께 보면 복잡하고 어려운 과학 원리를 더 쉽게 이해할 수 있어요!

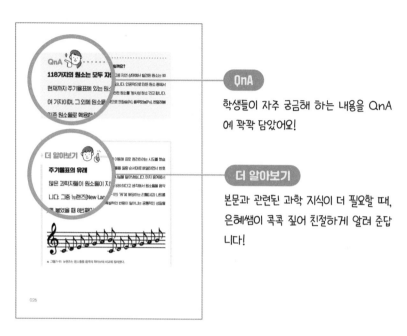

QnA

학생들이 자주 궁금해 하는 내용을 QnA
에 꽉꽉 담았어요!

더 알아보기

본문과 관련된 과학 지식이 더 필요할 때,
은혜쌤이 콕콕 짚어 친절하게 알려 준답
니다!

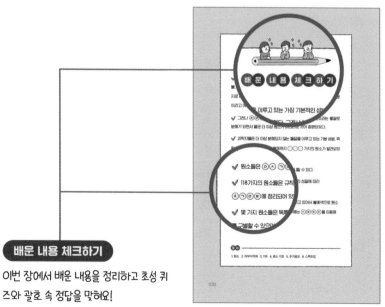

배운 내용 체크하기

이번 장에서 배운 내용을 정리하고 초성 퀴
즈와 괄호 속 정답을 맞혀요!

연간 학습 계획표

1학기 학습 계획

	주	책 읽을 범위	학교 교과서 단원	읽은 횟수
2월	1주차	1장. 원소	1. 물질의 구성	1회 / 2회 / 3회
	2주차	2장. 원자		1회 / 2회 / 3회
	3주차	3장. 분자		1회 / 2회 / 3회
	4주차	4장. 이온		1회 / 2회 / 3회
3월	1주차	5장. 마찰 전기	2. 전기와 자기	1회 / 2회 / 3회
	2주차	6장. 정전기 유도		1회 / 2회 / 3회
	3주차	7장. 전류, 전압, 저항		1회 / 2회 / 3회
	4주차	8장. 옴의 법칙		1회 / 2회 / 3회
4월	1주차	9장. 저항의 연결		1회 / 2회 / 3회
	2주차	10장. 전자력		1회 / 2회 / 3회
	3주차	11장. 전동기		1회 / 2회 / 3회
	4주차	12장. 지구와 달의 크기	3. 태양계	1회 / 2회 / 3회
5월	1주차	13장. 지구와 달의 운동		1회 / 2회 / 3회
	2주차	14장. 태양계		1회 / 2회 / 3회
	3주차	15장. 광합성	4. 식물과 에너지	1회 / 2회 / 3회
	4주차	16장. 광합성에 영향을 주는 요인		1회 / 2회 / 3회
6월	1주차	17장. 증산 작용		1회 / 2회 / 3회
	2주차	18장. 식물의 호흡		1회 / 2회 / 3회
	3주차	필기노트 정리		
	4주차	단원 정리		

	주	책 읽을 범위	학교 교과서 단원	읽은 횟수
8월	1주차	19장. 동물의 구성 단계	5. 동물과 에너지	1회 / 2회 / 3회
	2주차	20장. 소화계		1회 / 2회 / 3회
	3주차	21장. 순환계		1회 / 2회 / 3회
	4주차	22장. 호흡계		1회 / 2회 / 3회
9월	1주차	23장. 배설계		1회 / 2회 / 3회
	2주차	24장. 세포 호흡		1회 / 2회 / 3회
	3주차	25장. 순물질과 혼합물	6. 물질의 특성	1회 / 2회 / 3회
	4주차	26장. 밀도		1회 / 2회 / 3회
10월	1주차	27장. 용해도		1회 / 2회 / 3회
	2주차	28장. 끓는점, 녹는점, 어는점		1회 / 2회 / 3회
	3주차	29장. 혼합물 분리 방법		1회 / 2회 / 3회
	4주차	30장. 수권의 종류와 특징	7. 수권과 해수의 순환	1회 / 2회 / 3회
11월	1주차	31장. 해수의 특징		1회 / 2회 / 3회
	2주차	32장. 열팽창과 열의 이동	8. 열과 우리 생활	1회 / 2회 / 3회
	3주차	33장. 비열과 열평형		1회 / 2회 / 3회
	4주차	필기노트 정리		
12월	1주차	단원 정리		

목차

3부 태양계

4부 식물과 에너지

❊ 필기용 이미지 나눔 안내 ❊

은혜쌤이 직접 만든 필기용 이미지는 길벗출판사 홈페이지에서 다운로드할 수 있습니다.

1 길벗 홈페이지(www.gilbut.co.kr)에 접속하세요.

2 메인 화면에 있는 검색 창에 '은혜로운 과학생활'을 입력하면 해당 도서 페이지가 표시됩니다.

3 도서 소개 페이지의 [자료실]을 클릭해 필기용 이미지 파일을 다운로드하세요.

4 필요에 따라 프린트하거나 태블릿 PC에 넣어서 활용하면 됩니다.

1부

물질의 구성

1장

원소

———

QR 코드를 스캔하면 유튜브 강의 영상을 볼 수 있어요!

연계 교과 : 중2 과학Ⅰ. 물질의 구성

물질은 어떤 성분으로 이루어져 있을까

지금으로부터 약 2500년 전 고대 그리스에서는 '세상의 모든 물질이 무엇으로부터 시작되었을까?'에 대한 관심이 생기기 시작했습니다. 다시 말해 '무엇이 원소元素일까?'라는 질문을 하기 시작한 것입니다. 여기서 **원소**의 한자를 풀이하면 '물질이 시작되는 근원'이라는 뜻입니다. 그러므로 '원소가 무엇일까?'라는 질문은 곧 '세상의 모든 물질은 어디에서 시작되었을까?'라는 질문인 셈입니다.

어떤 학자는 물에서 세상의 모든 물질이 시작되었다고 주장하였고, 또 어떤 학자는 불이나 흙 또는 공기에서 시작되었다고 주장하기도 했습니다. 그리고 이후에 네 가지 모두가 물질의 근원, 즉 원소가 될 수 있다고 주장하는 **4원소설**이 등장하였습니다. 더욱이 당시 유명한 학자였던 아리스토텔레스가 이 4원소설에 동의하면서 사람들은 4원소설을 더욱 지지하게 되었죠.

물   불   흙   공기

▲ **그림 1-1** 4원소설은 물, 불, 흙, 공기가 모든 물질의 근원(원소)이라고 주장했다.

4원소설은 무려 2천 년이 넘는 기간 동안 사람들의 지지를 받다가 18세기가 되어서야 라부아지에라는 한 과학자에 의해 무너지기 시작했습니다. 라부아지에는 어떤 물질이 물질의 근원, 즉 원소로 인정받으려면 그 물질은 더 이상 다른 물질로 분해되면 안된다고 생각했습니다. 예를 들어 물이 원소라면 물은 다른 물질로 분해되어서는 안되며, 만약 물이 다른 물질로 분해된다면 그 분해된 물질이 원소라고 주장했죠. 이후 라부아지에는 실험을 통해 액체 상태의 물이 '수소 기체'와 '산소 기체'로 분해될 수 있다는 것을 증명했습니다.

물이 수소와 산소로 분해된다는 것은 반대로 수소와 산소를 사용해서 물을 만들 수 있다는 의미입니다. 따라서 물은 더 이상 원소(물질이 시작되는 근원)가 아니며, 물을 이루는 수소와 산소가 원소인 것을 증명한 셈입니다.

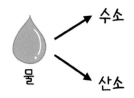

◀ 그림 1- 2 라부아지에는 물이 수소와 산소로 분해될 수 있음을 증명했다.

+ 더 알아보기

라부아지에가 물을 분해한 실험 과정

라부아지에가 물을 분해한 과정을 간단히 살펴볼까요? 그림 1-3과 같이 철로 만든 긴 관인 주철관에 물을 주입해 뜨거운 화로를 지나가게 하는데, 액체 상태의 물이 뜨거운 화로를 지나면서 기체 상태의 수증기로 기화되고 수증기는 산소 기체와 수소 기체로 분해됩니다. 이때 발생한 산소 기체는 주철관의 철 성분과 반응해 '산화 철'이라는 물질이 됩니다. 이 때문에 주철관이 붉게 녹슬면서 철과 반응한 산소의 질량만큼 주철관의 질량이 증가합니다.

산소 기체가 모두 철과 반응하면 주철관에는 수소 기체와 아직 분해되지 않은 수증기만 남는데, 수증기는 냉각수를 지나면서 다시 액화되어 물이 됩니다. 이렇게 물이 아래쪽으로 분리되어 모이고, 수소 기체는 계속 관을 통과하면서 이동해 주철관의 끝에 모입니다. 실제로 주철관의 끝 부분에 물을 채운 병을 놓으면 보글보글하면서 수소 기체가 발생하는 것을 확인할 수 있습니다. '수소水素'는 이렇게 물을 분해해서 얻은 기체로, 그 이름에 '물水, 물 수'이라는 의미가 들어 있습니다.

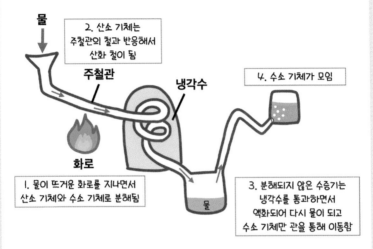

물

2. 산소 기체는
주철관의 철과 반응해서
산화 철이 됨

주철관

냉각수

4. 수소 기체가 모임

화로

1. 물이 뜨거운 화로를 지나면서
산소 기체와 수소 기체로 분해됨

3. 분해되지 않은 수증기는
냉각수를 통과하면서
액화되어 다시 물이 되고
수소 기체만 관을 통해 이동함

▲ 그림 1-3 라부아지에는 물이 분해하여 산소 기체와 수소 기체가 됨을 증명함으로써 물이 원소가 아님을 밝혀냈다.

라부아지에는 이런 과정을 통해서 과학적이고 정량적인 방법으로 물이 산소와 수소라는 물질로 분해될 수 있음을 보여 주었습니다. 결국 물을 이루는 새로운 원소를 찾아냈고, 그동안 과학적 근거 없이 관념적으로 믿어 왔던 4원소설이 틀렸다는 것을 증명했습니다.

원소를 기호로 나타내기

라부아지에는 4원소설에서 물질의 근원(즉, 원소)이라 믿었던 물을 수소와 산소로 분해하는 데 성공했고, 이를 계기로 **원소를 '더 이상 분해되지 않는' 물질을 이루는 기본 성분**으로 다시 정의했습니다. 이 정의에 따라 물이나 흙 같은 물질은 더 이상 원소로 인정받지 못하게 되었죠. 물은 수소와 산소라는 성분으로 분해되고, 흙은 질소, 인, 황, 탄소 등의 성분으로 분해되기 때문입니다. 물을 분해해서 얻은 수소와 산소는 더 이상 다른 물질로 분해되지 않는데, 이렇게 더 이상 분해되지 않는 성분만이 원소로 인정받게 되었습니다.

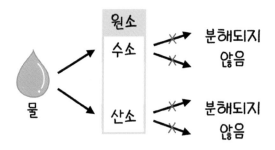

▲ 그림 1-4 수소와 산소 같이 더 이상 분해되지 않는 성분을 원소로 정의하였다.

이후에 과학자들은 여러 가지 물질들을 분해하고 합성하며 다양한 원소들을 찾아냈습니다. 이렇게 해서 지금까지 총 118가지의 원소가 발견되었는데, 과학자들은 새로운 원소를 발견할 때마다 각자 나름대로 의미를 담아서 원소의 이름을 정했습니다.

예를 들어, 물을 분해해서 얻은 '수소水素, hydrogen'는 물hydro에서 그 이름이 유래했습니다. 또 어떤 과학자는 개기일식이 일어날 때 태양을 관찰하다가 우연히 노란색 빛을 발견했는데, 이 성분의 이름을 태양의 신 헬리오스의 이름을 따서 '헬륨helium'이라고 붙였습니다.

이 외에도 지역의 이름을 따서 이름을 붙인 경우도 있습니다. 예를 들어 마그네시아magnesia 지역의 우물에서 쓴맛을 내는 어떤 성분을 발견하자, 그 지역의 이름을 따서 우리가 아는 '마그네슘magnesium'이라는 이름을 붙였답니다.

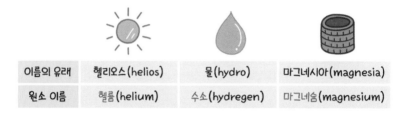

| 이름의 유래 | 헬리오스(helios) | 물(hydro) | 마그네시아(magnesia) |
| 원소 이름 | 헬륨(helium) | 수소(hydregen) | 마그네슘(magnesium) |

▲ 그림 1-5 헬륨, 수소, 마그네슘 원소의 이름과 유래

그런데 만일 이 원소들의 이름을 부를 때 각 나라마다 사용하는 언어가 다르다면 서로 의사소통을 하는 데 불편하겠죠? 예를 들어 똑같은 수소를 지칭하더라도 미국인은 'hydrogen(하이드로젠)'이라고 부르고, 한국 사람은 '수소'라고 부른다면 헷갈릴 것입니다. 그래서 원소들의 이름도 전 세계 모두가 함께 알아볼 수 있는 '기호'를 만들어서 표현하게 되었습니다. 마치 해외 여행을 할 때 그 나라의 언어를 몰라도 화장실의 기호만 보고 화장실을 찾을 수 있는 것처럼 말입니다.

▲ 그림 1-6 언어가 달라도 기호를 이용해 소통할 수 있다.

원소를 기호로 표현한 것을 **원소 기호**라고 합니다. 지금부터 중학교 과정에서 중요하게 다루는 몇 가지 원소들의 원소 기호를 알아봅시다. 원소 기호는 주로 영어 이름의 알파벳을 이용해 나타냅니다. 먼저 수소는 방금전에 살펴본 것처럼 물을 분해할 때 나오는 기체로, Hydrogen(하이드로젠)이라는 이름의 알파벳 첫 글자인 H로 표시합니다. 산소는 우리가 숨을 쉴 때 들이마시는 기체로, 생명체가 살아가는 데 꼭 필요한 원소입니다. 산소는 영어로 Oxygen(옥시젠)이라고 쓰고 원소 기호로는 알파벳 첫 글자인 O로 표시합니다. 탄소는 숯이나 화석 연료의 주성분으로, 영어로는 숯을 의미하는 Carbon(카본)이라고 부르는데, 알파벳 첫 글자인 C로 표시합니다. 마지막으로 과자 봉지 안의 과자가 부서지지 않도록 충전하는 기체로 쓰이는 질소는 영어로 Nitrogen(나이트로젠)이라고 하는데, 원소 기호로는 N으로 표시합니다.

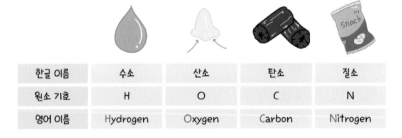

한글 이름	수소	산소	탄소	질소
원소 기호	H	O	C	N
영어 이름	Hydrogen	Oxygen	Carbon	Nitrogen

▲ 그림 1-7 수소, 산소, 탄소, 질소의 원소 기호

원소 기호를 알파벳 두 개를 이용해 표시하는 경우도 있는데, 여기서 주의할 점은 원소 기호의 첫 번째 알파벳은 반드시 대문자로, 두 번째 알파벳은 소문자로 써야 한다는 것입니다.

예를 들어 흔히 락스라고 부르는 표백제와 소독약의 주성분인 염소라는 원소는 영어로 Chlorine(클로린)이라고 합니다. 이를 원소 기호로 표시할 때 첫 글자인 C라고 표현하면 앞에서 살펴 본 탄소의 원소 기호와 겹치기 때문에 Chlorine의 C와 l을 이용해서 Cl(l은 알파벳 L의 소문자)로 표시합니다.

다음으로 철의 원소 기호는 라틴어로 철을 의미하는 단어인 Ferrum(페럼)의 Fe로 표시합니다. 우리가 흔히 철을 Iron(아이언)이라는 영어 단어로 알고 있지만 철의 원소 기호는 라틴어에서 유래된 것입니다. 반지나 목걸이와 같은 장식품에 많이 사용되는 은 역시 Silver라는 영어 단어일 것 같지만, 원소 기호로 나타낼 때는 라틴어인 Argentum(알젠텀)의 Ag로 표시합니다.

한글 이름	염소	철	은
원소 기호	Cl	Fe	Ag
영어 이름	Chlorine	Ferrum	Argentum

▲ 그림 1-8 염소, 철, 은의 원소 기호

지금부터는 원소의 한글 이름과 영어 이름이 같아서 원소 기호를 유추하기 조금 더 쉬운 원소들을 소개합니다. 먼저 헬륨Helium은 헬륨 풍선에 사용하는 기체로, 공기보다 밀도가 작아서 공기 중에서 위로 뜨는 성질이 있습니다. 원소 기호로는 He로 표시하며, 헬륨의 '헤'를 생각하면 됩니다. 리튬Lithium은 배터리에 사용되는 성분으로, 원소 기호로는 Li로 표시하고 리튬의 '리'를 생각하면 됩니다. 나트륨Natrium은 소금의 주성분으로, 원소 기호로는 Na로 표시하고 나트륨의 '나'를 생각하면 외우기 쉽습니다. 칼륨Kalium은 채소나 야채에 들어 있는 성분으로, 우리 몸에 꼭 필요한 성분이기도 합니다. 원소 기호는 칼륨의 첫 글자인 K로 표시합니다. 칼륨과 이름이 비슷한 칼슘Calcium은 우리 몸의 뼈를 구성하는 성분으로, 우유에 많이 들어 있으며 성장기에 꼭 섭취해야 하는 영양소입니다. 칼슘의 원소 기호는 Ca로 표시하는데, 칼륨과 이름이 비슷하여 헷갈리기 쉽습니다. 칼슘은 C로 시작하고 a까지 원소 기호로 표시하는 반면, 칼륨의 원소 기호는 K 한 글자로 표시한다는 점을 꼭 기억하기 바랍니다. 마지막으로 구리Cuprum는 동전을 만들거나 전선의 재료로 사용되는데, 원소 기호로는 Cu로 표시합니다. 구리는 영어와 한글 이름이 다르지만 구리의 '구'를 Cu로 생각하여 외우면 쉽습니다.

한글 이름	헬륨	리튬	나트륨	칼륨	칼슘	구리
원소 기호	He	Li	Na	K	Ca	Cu
영어 이름	Helium	Lithium	Natrium	Kalium	Calcium	Cuprum

▲ 그림 1-9 헬륨, 리튬, 나트륨, 칼륨, 칼슘, 구리의 원소 기호

원소들을 한 번에 정리한 주기율표

앞에서 소개한 것 외에도 우리 주위에는 금, 알루미늄, 네온 등 다양한 원소들이 있습니다. 지금까지 발견된 원소들은 총 118가지로, 모두 원소 기호로 표시할 수 있으며 각각 독특한 성질을 가지고 있습니다. 예를 들어 금은 광택이 나는 성질이 있어서 귀금속에 사용합니다. 알루미늄은 가볍고 잘 구부러지는 성질이 있어서 쿠킹 포일이나 캔을 만들 때 사용합니다. 네온은 전기가 흐르면 빛이 나는 성질이 있어서 네온사인 조명에 사용합니다. 이처럼 원소들이 지닌 성질은 각각 다르지만, 나름의 규칙성이 있습니다. **원소들이 가지고 있는 나름의 규칙적인 성질에 따라 원소들에 번호를 매기고 표로 정리한 것을 주기율표**라고 합니다.

▲ 그림1-10 118가지 원소를 표로 정리한 주기율표(출처: 대한화학회)

QnA

118가지의 원소는 모두 자연에서 발견한 것일까요?

현재까지 주기율표에 있는 원소는 118가지입니다. 그중 자연 상태에서 발견된 원소는 90여 가지이며, 그 외에 원소들은 인공적으로 만든 것입니다. 인공적으로 만든 원소 중에서 기존 원소들로 핵융합 또는 핵분열 반응을 일으켜 만든 원소를 '방사성 원소'라고 합니다. 방사성 원소에는 약 20여 가지가 있으며, 대표적으로 프랑슘(Fr), 플루토늄(Pu), 멘델레븀(Md) 등의 원소가 해당됩니다.

 +더 알아보기

주기율표의 유래

많은 과학자들이 원소들이 지닌 규칙적인 성질을 이용해 표로 정리하려는 시도를 했습니다. 그중 뉴랜즈(New Lands)라는 과학자는 원소들을 질량 순서대로 배열하면서 번호를 붙였을 때 8번째마다 비슷한 성질이 나온다는 사실을 알아냈습니다. 마치 음계에서 '도레미파솔라시' 다음에 다시 '도'가 나오는 것과 비슷하다고 생각해서 원소들을 음악의 옥타브에 비교해 정리했죠. 예를 들어 그림 1-11의 '레'에 해당하는 리튬(Li)과 나트륨(Na)은 서로 다른 원소이지만, 물에 넣으면 폭발적인 반응이 일어나는 공통적인 성질을 가지고 있습니다.

▲ 그림 1-11 뉴랜즈는 원소들을 음악의 옥타브에 비교해 정리했다.

이후 과학자 멘델레예프(Mendeleev)가 원소들을 질량 순서대로 나열했을 때 8번째마다 주기적으로 반복되는 공통적인 성질이 있다는 것에 아이디어를 얻어 그림 1-12와 같이 좀 더 정교하게 원소들을 정리했습니다. 이 표는 원소들이 가진 '주기적인 성질'에 따라 분류한 표라는 의미를 담고 있어서 '주기율표'라고 부릅니다. 멘델레예프의 방법 대로 원소들이 가진 주기적인 성질 대로 나열해 보니 채워지지 않는 빈자리가 있었습니다. 당시에는 아직 발견되지 않은 원소의 자리였지만 주기율표를 이용해 그 원소들이 어떤 성질을 가지고 있을지 미리 예측할 수 있었습니다. 정말 대단하죠? 이후 멘델레예프가 만든 주기율표를 모즐리(Moseley)라는 과학자가 수정하고 보완해 지금의 주기율표를 완성했습니다. 원소들을 표로 정리하는 데 큰 기여를 한 멘델레예프는 노벨상 후보에 올랐지만, 안타깝게도 한 표 차이로 노벨상을 받지는 못했습니다. 하지만 훗날 멘델레예프의 공로를 인정해 주기율표의 101번에 해당하는 원소에 멘델레예프의 이름을 따서 '멘델레븀'이라는 이름을 붙였습니다.

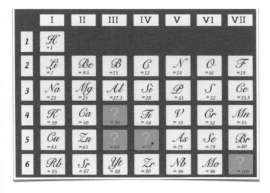

▲ 그림 1-12 멘델레예프가 원소들을 주기적인 성질에 따라 나열해 정리한 표

독특한 불꽃색을 지닌 원소들

▲ 그림 1-13 '리그 오브 레전드' 게임 중 한 캐릭터가 다양한 색의 불꽃을 발사하는 장면

우연히 친구가 하는 게임을 보다가 한 캐릭터가 다양한 색깔의 불꽃을 발사하는 장면을 보았습니다. 노란색, 빨간색, 초록색 등 다양한 불꽃을 발사하는 모습이었습니다.

이런 다양한 색깔의 불꽃을 현실에서도 만들 수 있습니다. 앞에서 소개한 나트륨, 칼륨, 구리 원소와 리튬, 스트론튬이라고 하는 특정한 원소들은 불꽃에 넣으면 독특한 색깔을 나타내는 성질이 있습니다. 특정 원소들을 불꽃에 넣었을 때 나타나는 색깔을 원소의 **불꽃색** 또는 **불꽃 반응색**이라고 표현합니다. 대표적인 원소들의 불꽃색은 다음과 같습니다. 원소들의 불꽃색을 확인하는 실험 내용은 그림 1-14의 QR 코드를 스캔하여 확인하세요.

원소	나트륨	칼륨	구리	리튬	스트론튬
불꽃색	노란색	보라색	청록색	빨간색	빨간색

불꽃 반응
실험 영상

▲ 그림 1-14 나트륨, 칼륨, 구리, 리튬, 스트론튬의 불꽃색

나트륨, 칼륨, 구리, 리튬, 스트론튬 원소가 포함된 물질을 불꽃에 넣으면 위와 같은 특정한 색깔을 나타내며 반응하는데, 이것을 **불꽃 반응**이라고 합니다. 이 다섯 가지 원소의 불꽃색은 기본적으로 외우고 있으면 도움이 됩니다. 저와 함께 수업했던 학생들이 제안했던 불꽃색 외우는 방법을 몇 가지 소개해 볼게요.

- 나트륨은 ㄴ으로 시작하니까 노란색!
- 칼륨은 가지, 콜라비 등 **보라색** 채소에 많이 들어 있대요!
- 구리는 청록색을 띠는데 영어로 **그린**green이라고 외운다면 둘 다 초성이 ㄱ ㄹ이네요. (또는 청록색과 구리를 합쳐 '**청**'개 '**구리**'라고 외워 보세요!)
- 리튬은 ㄹ로 시작하니까 **레드**(red), 빨간색!
- 스트론튬은 스트로베리(strawberry)와 이름이 비슷한데, 딸기는 **빨간색**이죠!

특정 원소들이 지닌 독특한 불꽃색을 이용해 원소의 종류를 구별할 수도 있습니다. 예를 들어 어떤 물질을 불꽃에 넣었을 때 청록색이 나타난다면 그 물질에는 구리 원소가 포함되어 있는 것입니다.

그런데 리튬과 스트론튬의 불꽃색은 둘 다 빨간색이라서 불꽃색만으로는 두 물질을 구별하기 어렵습니다. 이렇게 불꽃색이 같은 경우에는 그림 1-15의 분광기라는 장치를 이용해 구별할 수 있습니다. 분광기에는 '슬릿'이라고 부르는 얇은 구멍이 있고, 안에 '프리즘'이라고 하는 삼각형 모양의 투명한 물질이 들어 있습니다. 분광기의 슬릿을 통해 들어온 빛이 프리즘을 통과하면 빛이 굴절되면서 파장별로 분리되는데, 빛이 파장별로 분리된 것을 **스펙트럼**이라고 합니다.

▲ **그림 1-15** 분광기의 구조

그림 1-16처럼 햇빛에는 빨간색의 파장부터 보라색의 파장까지 모든 파장의 빛이 들어 있어서, 분광기로 햇빛을 관찰하면 백색의 햇빛이 빨간색부터 보라색까지 분리되어 마치 무지개와 같은 스펙트럼을 볼 수 있습니다. 이와 같이 **연속적인 색깔로 관찰되는 스펙트럼**을 **연속 스펙트럼**이라고 합니다.

그런데 리튬이나 스트론튬과 같은 원소들을 불꽃에 넣었을 때 나타나는 빨간색의 불꽃을 분광기로 관찰하면 불연속적인 띠 형태로 스펙트럼이 나타납니다. 왜냐하면 각각의 불꽃으로부터 나오는 빛에는 모든 파장의 빛이 들어 있지 않고 특정 파장의 빛만 포함되어 있기 때문입니다. 이와 같이 **특정 파장의 빛이 불연속적인 띠의 형태로 나타나는 스펙트럼**을 **선 스펙트럼**이라고 합니다. 서로 다른 원소들은 저마다의 고유한 선 스펙트럼을 나타내기 때문에 이를 이용해 원소들을 구별할 수 있습니다.

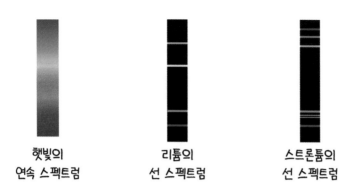

햇빛의
연속 스펙트럼

리튬의
선 스펙트럼

스트론튬의
선 스펙트럼

▲ 그림 1-16 햇빛의 연속 스펙트럼과 리튬, 스트론튬의 선 스펙트럼

 QnA ●

원소의 불꽃색은 어디에 이용할까요?

매년 10월이 되면 서울 여의도에서 불꽃 축제가 열립니다. 이때 다양한 색깔의 불꽃이

화려하게 하늘을 장식하는 것을 볼 수 있는데, 이것이 바로 원소의 불꽃색을 이용한

것입니다. 불꽃놀이의 재료가 되는 화약에 다양한 원소를 함께 섞으면 화약이 터질 때

원소의 불꽃색이 나타납니다. 예를 들어 스트론튬이 들어 있는 화약은 빨간색 불꽃으

로, 나트륨이 들어 있는 화약은 노란색 불꽃으로 터집니다.

배운 내용 체크하기

✔ ⊙Ⓢ란 물질을 이루고 있는 가장 기본적인 성분으로, 고대에는 물, 불, 흙, 공기가 원소라고 생각했다. 그래서 이 세상의 모든 물질은 이 4가지로 이루어져 있으며, 이 4가지는 더 이상 분해되지 않는 기본적인 성분이라고 여겼다.

✔ 그러나 ⓡⓑⓞⓩⓔ의 실험으로 물이 수소와 산소라는 물질로 분해가 되면서 물은 더 이상 원소가 아니라는 것이 증명되었다.

✔ 과학자들은 더 이상 분해되지 않는 물질을 이루고 있는 기본 성분, 즉 원소를 찾아내기 시작했고, 현재까지 ⃝⃝⃝가지의 원소가 발견되었다.

✔ 원소들은 ⊙Ⓢ ⓖⓗ를 이용해 표시할 수 있다.

✔ 118가지의 원소들은 규칙적이고 주기적인 성질에 따라 ⓩⓖⓞⓟ에 정리되어 있다.

✔ 몇 가지 원소들은 독특한 불꽃색을 가지고 있어서 불꽃색으로 원소를 구별할 수 있으며, 불꽃색이 같은 경우에는 Ⓢⓟⓣⓡ을 이용해 구별할 수 있다.

정답

1. 원소 2. 라부아지에 3. 118 4. 원소 기호 5. 주기율표 6. 스펙트럼

2장

원자

———

QR 코드를 스캔하면 유튜브 강의 영상을 볼 수 있어요!

연계 교과 : 중2 과학 Ⅰ. 물질의 구성

물질을 가장 작게 쪼개면

1장에서는 물질을 이루는 가장 기본적인 성분인 원소에 대해서 설명했습니다. 우리 주위에 있는 물질은 다양한 성분으로 이루어져 있습니다. 예를 들어 소금물은 그림 2-1과 같이 소금과 물로 이루어져 있습니다. 그렇다면 소금과 물이 원소일까요? 그렇지 않습니다. 소금은 염소와 나트륨이라는 성분으로 이루어져 있고, 물은 수소와 산소라는 성분으로 이루어져 있기 때문입니다. 염소, 나트륨, 수소, 산소는 더 이상 다른 성분으로 나누어지지 않으므로 물질을 이루는 가장 기본적인 성분이라고 할 수 있습니다. 염소, 나트륨, 수소, 산소와 같이 물질을 이루는 가장 기본적인 성분을 '원소'라고 합니다.

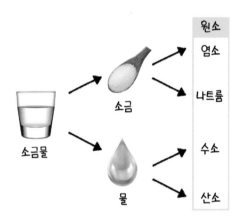

▲ 그림 2-1 소금물은 염소, 나트륨, 수소, 산소의 원소로 이루어져 있다.

물은 수소와 산소로 이루어져 있고, 소금은 염소와 나트륨으로 이루어져 있습니다. 이처럼 물질마다 두 종류 이상의 원소로 이루어진 물질도 있

고, 한 종류의 원소로만 이루어진 물질도 있습니다. 한 종류의 원소로만
이루어진 대표적인 물질인 순금은 금이라는 한 종류의 원소로만 이루어
져 있습니다.

물질	물	소금	순금
원소	수소 + 산소	염소 + 나트륨	금

▲ 그림 2-2 물, 소금, 순금을 이루고 있는 원소

물질을 이루고 있는 수소, 산소, 염소, 나트륨, 금 등의 모든 원소들은 아
주 작은 알갱이 형태로 존재합니다. 소금의 구조를 아주 자세히 들여다
보면 그림 2-3과 같이 염소 알갱이와 나트륨 알갱이가 혼합되어 있는 형
태를 확인할 수 있습니다. 순금의 구조도 마찬가지로 금 알갱이들이 규칙
적으로 배열되어 이루어진 형태입니다.

▲ 그림 2-3 소금은 염소와 나트륨 입자로, 순금은 금 입자로 이루어져 있다.

물을 구성하는 수소와 산소도 알갱이 형태로 존재하는데, 소금이나 금과는

조금 다른 형태로 결합해 존재합니다. 이 형태에 대해서는 3장에서 '분자'를 배울 때 다루기로 하고, 2장에서는 알갱이에 초점을 맞춰 자세히 알아봅시다.

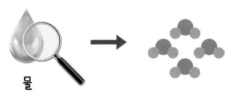

물질 : 물

원소 : 수소 ● + 산소 ●

▲ 그림 2-4 물은 수소 입자와 산소 입자로 이루어져 있다.

1장에서 살펴본 것처럼 고대 사회에서는 물질을 이루는 기본적인 성분이 무엇인가, 즉 '원소가 무엇인가'에 대해서 학자들의 다양한 주장이 있었습니다. 이와 마찬가지로 '물질들을 계속 쪼개면 어떻게 될까?'라는 질문에 대해서도 학자들의 다양한 논쟁이 있었습니다. 고대 유명한 학자였던 아리스토텔레스는 물질을 계속 쪼개다 보면 결국은 사라지게 된다고 주장했고, 또 다른 학자인 데모크리토스는 아리스토텔레스와는 반대로 물질을 계속 쪼개다 보면 어느 순간에는 더 이상 쪼갤 수 없는 어떤 알갱이에 도달하게 된다고 주장했습니다. 알갱이를 좀 더 과학적인 말로 '입자'라고 표현하는데, 그림 2-5와 같이 어떤 물질이든 계속 쪼개다 보면 결국은 물질이 사라지게 된다는 아리스토텔레스의 주장을 **연속설**이라고 하며, 물질을 계속 쪼개다 보면 더 이상 쪼갤 수 없는 어떤 입자가 된다는 데모크리토스의 주장을 **입자설**이라고 합니다.

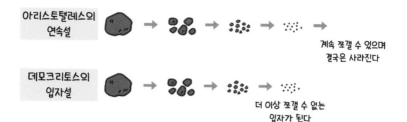

아리스토텔레스의
연속설

계속 쪼갤 수 있으며
결국은 사라진다

데모크리토스의
입자설

더 이상 쪼갤 수 없는
입자가 된다

▲ 그림 2-5 아리스토텔레스의 연속설과 데모크리토스의 입자설

고대에는 과학 기술이 지금처럼 발달하지 않아서 두 사람의 말을 과학적으로 증명할 방법이 없었지만, 사람들은 단순히 더 유명한 학자였던 아리스토텔레스의 말이 옳다고 믿었고, 데모크리토스의 주장은 받아들이지 않았습니다. 하지만 오랜 시간이 흘러 과학 기술이 발달하면서 모든 물질은 아주 작은 입자의 형태로 이루어져 있다는 것이 확인되었습니다. 데모크리토스의 말처럼 어떤 물질이든 계속 쪼개다 보면 더 이상 쪼갤 수 없는 아주 작은 입자가 되는데, 물질을 이루고 있는 가장 작은 입자를 **원자**라고 부릅니다. 원자는 눈에 보이지 않을 정도로 매우 작은 크기의 입자인데, 이 세상의 모든 물질은 이 원자라고 하는 입자들이 모여서 이루어져 있습니다.

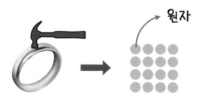

원자

▲ 그림 2-6 물질을 가장 작게 쪼개면 원자가 된다.

원소와 원자의 차이점

원소와 원자의 개념을 처음 배울 때 이름이 비슷해서 많이 헷갈려 하는데, 사실 영어로 원소는 element이고 원자는 atom이라는 전혀 다른 단어입니다. 그런데 한자로 번역하다 보니 이름이 비슷해져서 많은 학생들이 더 헷갈려 하는 것 같습니다.

원소와 원자의 의미를 비교하기 위해서 우리 주위에 있는 물질 중 순금 반지, 다이아몬드, 구리 동전을 예로 들어 보겠습니다. 이 세 가지 물질은 한 종류의 원소로만 이루어져 있는 대표적인 물질입니다. 그림 2-7과 같이 순금 반지는 '금'이라는 원소로 이루어져 있고, 다이아몬드는 '탄소'라는 원소로, 구리 동전은 '구리'라는 원소로 이루어져 있습니다.

물질	순금 반지	다이아몬드	구리 동전
원소 (성분)	금	탄소	구리
원자 (알갱이)	금 원자	탄소 원자	구리 원자

▲ 그림 2-7 원소는 물질의 성분을, 원자는 물질을 이루는 입자를 의미한다.

이처럼 원소는 어떤 물질을 이루고 있는 '성분'을 의미하는 것입니다. 각각의 물질들이 서로 다른 성분으로 이루어져 있지만, 어떤 성분으로 이루어져 있든지 모든 물질들은 가장 작게 쪼개면 아주 작은 입자가 됩니다.

즉, 모든 물질들은 작은 입자들이 모여서 이루어진 것입니다. 순금 반지, 다이아몬드, 구리 동전 모두 입자들로 이루어져 있는데, 이 입자들을 '원자'라고 하는 것입니다. 물질을 이루는 원소의 종류에 따라 순금 반지를 이루고 있는 원자는 금 원자, 다이아몬드를 이루고 있는 원자는 탄소 원자, 구리 동전을 이루고 있는 원자는 구리 원자라고 부릅니다.

원소 물질을 구성하는 기본 성분

원자 물질을 이루는 기본 입자

▲ 그림 2-8 원소와 원자의 정의

정리하면 모든 물질은 가장 작은 입자인 '원자'라는 것으로 이루어져 있고, 그 원자의 '종류'는 물질을 이루고 있는 성분, 즉 '원소'에 따라서 달라집니다.

원자의 내부 구조

물질을 이루고 있는 가장 작은 입자인 원자의 내부 구조를 자세히 들여다보면 그림 2-9와 같이 **원자핵**과 **전자**로 이루어져 있습니다. 원자핵은 원자의 중심에 위치해 있고, 전자는 원자핵 주위를 돌며 움직이고 있습니다.

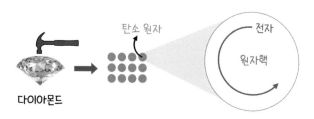

▲ 그림 2-9 원자는 원자핵과 전자로 이루어져 있으며, 전자는 원자핵 주위를 돌고 있다.

모든 원자가 원자핵과 전자로 이루어져 있다는 점은 같지만 원자마다 가지고 있는 전자의 개수는 모두 다릅니다. 원자핵과 전자를 간단히 빨간 동그라미와 파란 동그라미로 나타내어 탄소 원자와 구리 원자의 내부 구조를 표현해 보면 그림 2-10과 같이 나타낼 수 있습니다. 다이아몬드를 이루고 있는 탄소 원자는 전자 6개를 가지고 있고, 구리 원자는 전자 29개를 가지고 있습니다. 이렇게 원자는 종류에 따라 가지고 있는 전자의 개수가 서로 다르며, 원자가 가지는 전자의 개수에 따라서 각각의 원자들은 서로 다른 성질을 나타냅니다.

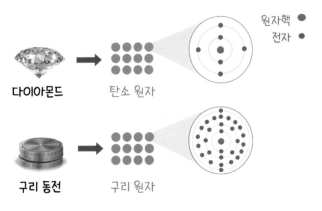

▲ **그림 2-10** 원자는 종류에 따라 가지고 있는 전자의 개수가 다르다.

일반적으로 원자의 구조를 모형으로 나타낼 때는 그림 2-11과 같이 원자핵을 (+)로, 전자를 (−)로 나타내는데, 그 이유는 원자핵과 전자가 각각 (+)전하와 (−)전하를 띠기 때문입니다. '전하'란 전기 현상을 일으키는 성질로, 어떤 물체가 '전하를 띤다'라는 것은 전기의 성질을 가진다는 것을 의미합니다. 전하는 (+)전하와 (−)전하 두 종류로 나누어지는데 원자핵은 (+)전하를, 전자는 (−)전하를 띠고 있습니다. 즉, 원자핵과 전자도 전기의 성질을 가진다는 것을 알 수 있습니다.

원자핵은 +로
전자는 −로 나타낸다.

◀ 그림 2-11 원자핵은 (+)전하를, 전자는 (-)전하를 띤다.

여기서 원자의 중요한 특징은 '전기적으로 중성'이라는 것입니다. 전기적으로 중성이라는 의미는 원자핵의 (+)전하의 양과 전자의 (−)전하의 양이 같아서 원자 자체는 전기적인 성질을 나타내지 않는 것입니다. 앞에서 원자의 종류에 따라 전자의 개수가 다르다고 했는데, 전자 1개는 (−1)의 전하량을 띠고 있습니다. 만약 그림 2-12와 같이 어떤 원자가 전자를 3개 가지고 있다면, 전자의 (−)전하량은 총 (−3)이 되는데, 원자는 전기적으로 중성이므로 원자핵도 반드시 (+3)의 전하량을 가지고 있어야 합니다.

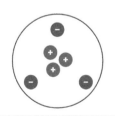

전자의 −전하량과
원자핵의 +전하량은 같다

◀ 그림 2-12 원자핵의 (+)전하와 전자의 (-)전하의 총량은 서로 같다.

그런데 전자는 원자핵 주위를 움직이고 있지만 원자핵은 원자의 중심에 고정되어 있으므로 원자핵의 전하량은 그림 2-13과 같이 중심에 (+3)으로 (+)전하량을 한꺼번에 나타내는 방식으로 표현합니다.

정리하면, 원자핵은 (+)전하를, 전자는 (−)전하를 띠고 있지만, 원자는 원자핵의 (+)전하의 총량과 전자의 (−)전하의 총량이 항상 같기 때문에 원자 자체는 (+)전하나 (−)전하를 띠지 않고 전기적으로 중성이 됩니다.

원자핵의 전하량은 합쳐서 나타낸다.

◀ 그림 2-13 원자핵의 (+)전하량은 합쳐서 숫자로 나타낸다.

이 방법을 이용해서 수소, 탄소, 산소 원자의 구조를 표현해 보면 그림 2-14와 같이 나타낼 수 있습니다. 수소 원자는 원자핵의 전하량이 (+1)이고 전자가 1개인 구조이며, 탄소 원자는 원자핵의 전하량이 (+6)이고 전자가 6개인 구조입니다. 산소 원자는 원자핵의 전하량이 (+8)이고 전자가 8개인 구조입니다. 이렇게 수소, 탄소, 산소 원자는 각각 원자핵의 전하량도 다르고 전자의 개수도 다르지만 어떤 원자든 원자핵의 (+)전하량과 전자의 (−)전하의 총량은 항상 같습니다.

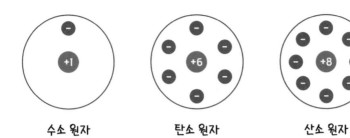

수소 원자　　　　　탄소 원자　　　　　산소 원자

▲ 그림 2-14 전자가 각각 1개, 6개, 8개인 수소, 탄소, 산소 원자

원자핵의 (+)전하량과 전자의 (−)전하량이 같지 않다면?

원자는 원자핵의 (+)전하량과 전자의 (−)전하의 총량이 항상 같습니다. 그런데 그림 2-15와 같이 원자가 가지고 있는 전자가 원자 밖으로 빠져나가기도 하고, 외부에 있던 전자가 원자 안으로 들어오기도 하면서 전자의 개수가 변하는 경우가 발생합니다. 그러면 원자핵의 (+)전하량과 전자의 (−)전하량이 같지 않게 되는데, 이와 같이 원자 상태에서 전자의 개수가 변해 더 이상 전기적으로 중성이 아닌 상태가 되면 '이온'이라고 부릅니다. 이온에 대해서는 4장에서 자세히 알아보겠습니다.

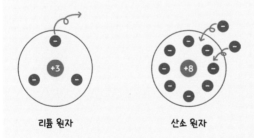

리튬 원자　　　　　산소 원자

▲ 그림 2-15 전자가 원자 밖으로 빠져나가거나 외부의 전자가 원자로 들어오기도 한다.

배운 내용 체크하기

✔ 물질을 이루는 기본 입자를 ⓞⓩ라고 한다.

✔ 원자는 ⓞⓩⓗ과 ⓩⓩ로 구성되어 있는데, 원자핵은 원자의 중심에 있고, 전자는 원자핵 주위를 돌며 움직이고 있다.

✔ 원자가 가진 전자의 개수는 원자의 종류에 따라 (같다, 다르다).

✔ 원자핵은 (+)전하를, 전자는 (−)전하를 띠고 있으며, 원자핵의 (+)전하의 총량과 전자의 (−)전하의 총량은 (같다, 다르다).

3장

분자

QR 코드를 스캔하면 유튜브 강의 영상을 볼 수 있어요!

연계 교과 : 중2 과학Ⅰ. 물질의 구성

원자가 결합한 분자

앞서 1, 2장에서 살펴본 것처럼 물을 이루고 있는 원소는 수소와 산소이며, 수소와 산소는 아주 작은 입자인 원자로 이루어져 있습니다. 수소 원자 2개와 산소 원자 1개가 결합하면 비로소 물이 되는데, 이렇게 **2개 이상의 원자가 결합한 것**을 **분자**라고 합니다.

수소 **원자 2개**   산소 **원자 1개**   **물 분자 1개**

▲ 그림 3-1 수소 원자와 산소 원자가 결합해 물 분자를 이룬다.

그림 2-14에서는 원자핵과 전자를 이용해 원자의 구조를 자세히 표현했었는데, 분자를 모형으로 나타낼 때는 원자의 구조를 자세히 표현하지는 않고, 원자의 종류별로 색깔과 크기를 다르게 구분해 표현합니다. 그림 3-2와 같이 산소는 빨간색, 탄소는 검은색, 수소는 흰색(또는 하늘색), 질소는 파란색으로 표현합니다.

산소(O)   **탄소(C)**   **수소(H)**   **질소(N)**

▲ 그림 3-2 분자를 모형으로 나타낼 때 표현하는 대표적인 원자들의 크기와 색깔

각각의 원자들은 서로 결합해서 이전과는 전혀 다른 성질을 지닌 새로운 물질을 만들어 냅니다. 그림 3-3의 산소 분자처럼 같은 종류의 원자가

결합하기도 하고, 이산화 탄소 분자처럼 서로 다른 종류의 원자가 결합하기도 하고, 암모니아 분자처럼 좀 더 많은 수의 원자가 결합해 복잡한 분자를 만들기도 합니다. 분자의 구조를 나타낼 때 원자와 원자 사이에 연결선을 나타낼 수도 있고 생략할 수도 있습니다. 물론 실제로 원자가 결합할 때 원자 사이에 연결선이 존재하는 것은 아닙니다. 하지만 분자를 이루는 원자들의 결합 상태나 결합 각도 등을 명확하게 표현하기 위해 분자를 표현할 때 원자 사이에 연결선이 있는 구조를 주로 사용합니다.

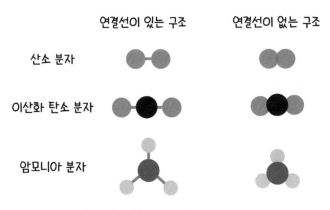

▲ 그림 3-3 산소 분자, 이산화 탄소 분자, 암모니아 분자 모형

분자를 화학식으로 나타내는 방법

가장 기본적인 분자인 산소 분자, 이산화 탄소 분자, 암모니아 분자, 물 분자의 구조와 각각의 분자를 식으로 나타내는 방법에 대해서 알아봅시다.

먼저 산소 분자는 산소 원자 2개가 결합한 분자입니다. 우리가 흔히 숨을 들이마실 때 '산소를 마신다'고 표현하는데, 이때 우리가 마시는 산소는 산소 원자가 아니라, 산소 원자 2개가 결합한 산소 분자입니다. 산소 분자의 구조를 모형으로 나타내면 그림 3-4와 같이 산소 원자 2개가 연결된 구조로 표현할 수 있습니다. 산소를 원소 기호 O로 나타내듯이 산소 분자도 원소 기호를 이용해서 간단한 기호로 나타낼 수 있는데, 이를 **분자식**이라고 합니다. 분자식은 **어떤 분자를 이루고 있는 원자들의 종류와 개수를 식으로 나타낸 것**입니다. 분자식을 쓰는 규칙은 다음과 같습니다.

❶ 분자를 이루고 있는 원자를 원소 기호로 쓴다.
❷ 분자를 이루고 있는 원자의 개수는 원소 기호 오른쪽에 아래 첨자로 쓴다.

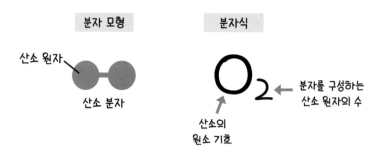

▲ 그림 3-4 산소 분자(O_2)의 구조와 분자식

산소 분자는 산소(O) 원자 2개가 결합한 것이므로, 산소의 원소 기호 O를 쓰고, 산소 원자의 수 2를 원소 기호 오른쪽에 아래 첨자로 적습니다. 산소 분자의 분자식 O_2라고 씁니다.

둘째, 이산화 탄소 분자는 우리가 숨을 내쉴 때 내뱉는 기체로, 분자 구조를 보면 탄소 원자가 중심에 있고 산소 원자 2개가 탄소 원자의 양쪽에 결합한 형태입니다. 이를 분자 모형과 분자식으로 표현하면 그림 3-5와 같습니다.

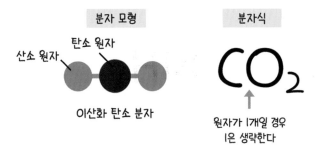

▲ 그림 3-5 이산화 탄소 분자(CO_2)의 구조와 분자식

이산화 탄소와 같이 두 종류 이상의 원소가 포함된 분자를 분자식으로 나타낼 때는 다음과 같은 규칙을 추가할 수 있습니다.

❸ 분자를 이루는 원자를 원소 기호로 쓰고 개수를 오른쪽에 아래 첨자로 쓰되, 일반적으로 분자 구조에서 중심에 있는 원자의 원소 기호를 먼저 쓴다.

❹ 원자의 개수가 1일 경우 아래 첨자에 1은 생략한다.

이산화 탄소 분자는 탄소(C) 원자 1개와 산소(O) 원자 2개로 구성되어 있는데, 분자의 구조를 봤을 때 탄소 원자가 중심에 있으므로 C_1O_2로 쓸 수 있습니다. 이때 원자가 1개일 경우에 1은 생략하고 CO_2로 적으면 됩니다. 셋째, 암모니아 분자는 특유의 불쾌한 냄새를 가지고 있는 기체 물질로, 배설물이 분해될 때 발생해서 화장실 악취의 원인이 되기도 하는 물질입니다. 암모니아 분자의 구조는 질소 원자가 중심에 있고 수소 원자 3개가 질소 원자에 결합한 형태로, 암모니아 분자를 모형으로 표현해 보면 그림 3-6과 같이 나타낼 수 있습니다.

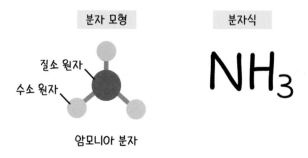

분자 모형   분자식

질소 원자

수소 원자

NH_3

암모니아 분자

▲ 그림 3-6 암모니아 분자(NH_3)의 구조와 분자식

위에서 살펴본 규칙에 따라 암모니아 분자를 분자식으로 나타내 봅시다. 암모니아 분자는 질소(N) 원자 1개와 수소(H) 원자 3개로 이루어져 있는데, 질소 원자가 중심에 있으므로 N_1H_3로 쓸 수 있습니다. 이때 원자가 1개일 경우 1은 생략하므로 NH_3로 적으면 암모니아 분자의 분자식이 완성됩니다.

마지막으로, 물 분자의 구조는 산소(O) 원자가 중심에 있고 수소(H) 원자 2개가 산소 원자에 결합한 형태입니다. 물 분자의 구조를 모형으로 표현하면 그림 3-7과 같이 나타낼 수 있습니다. 앞서 살펴본 이산화 탄소 분자는 원자들이 일직선상으로 연결된 구조였지만, 물 분자는 원자들이 104.5 °의 각을 이룬 형태로 연결되어 있습니다. 물 분자를 분자식으로 나타내면 산소(O) 원자 1개와 수소(H) 원자 2개로 이루어져 있으며, 산소 원자가 중심에 있으므로 OH_2로 쓸 수 있습니다. 하지만 물 분자는 수소의 원소 기호를 먼저 쓴 형태인 H_2O의 분자식을 더 일반적으로 사용합니다.

분자 모형

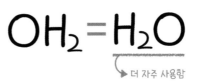

분자식

$$OH_2 = H_2O$$

산소 원자

수소 원자

104.5°

물 분자

더 자주 사용함

▲ 그림 3-7 물 분자(H_2O)의 구조와 분자식

QnA

중심에 있는 원자를 먼저 써야 하지 않나요?

앞서 분자를 분자식으로 나타낼 때 분자 구조에서 중심에 있는 원자를 먼저 쓴다고 했습니다. 하지만 물 분자와 같이 예외적인 경우도 있습니다. 예를 들어 방금 전에 살펴본 이산화 탄소 분자는 CO_2라고 쓰는 것이 일반적입니다. CO_2라는 분자식을 통해 이산화 탄소 분자는 탄소(C) 원자 1개가 중심에 있고 산소(O) 원자 2개가 결합된 구조라는 것을 알 수 있습니다. 하지만 원자의 순서를 바꿔서 O_2C라고 써도 틀린 것은 아닙니다. O_2C의 분자식을 해석하면 산소(O) 원자 2개와 탄소(C) 원자 1개가 결합되어 있다는 것을 의미하므로 틀린 것은 아니지만 어떤 원자가 중심에 있는지 분자의 구조를 추측하기가 어렵다는 단점이 있습니다. 하지만 하나의 분자를 이루고 있는 원자의 '종류'와 '개수'만 올바르게 표시한다면 어떤 원자의 원소 기호를 먼저 쓰든지 상관은 없습니다. 다만 C_2O라고 분자식을 쓰면 탄소(C) 원자 2개와 산소(O) 원자 1개가 결합한 분자를 의미하는 것이므로 전혀 다른 분자가 됩니다. 따라서 분자식을 쓸 때는 원자의 종류와 개수를 정확하게 표시하는 것이 중요합니다.

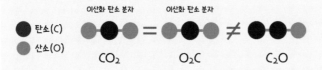

탄소(C)

산소(O)

이산화 탄소 분자

이산화 탄소 분자

CO_2 $=$ O_2C $\neq$ C_2O

▲ 그림 3-8 분자식을 쓸 때는 원자의 종류와 개수를 정확하게 나타내야 한다.

분자식을 쓸 때 주의 사항

분자식을 쓸 때 하나의 분자를 이루고 있는 원자의 개수를 반드시 오른쪽에 아래 첨자로 써야 합니다. 예를 들어 O_2의 분자식은 산소(O) 원자 2개가 연결되어 하나의 분자를 이루고 있음을 의미하는데, 만약 2O라고 쓴다면 산소(O) 원자가 2개 있다는 뜻이 됩니다. 이렇게 원소 기호 또는 분자식 앞에 붙는 큰 숫자는 원자 또는 분자의 개수를 의미합니다. 예를 들어 $2O_2$는 산소 분자(O_2) 2개를 의미합니다.

▲ 그림 3-9 O_2, 2O, $2O_2$의 의미

분자식에서 아래 첨자는 하나의 분자를 이루고 있는 원자의 개수를 의미하며, 분자식 앞의 큰 숫자는 분자 전체의 개수를 의미한다는 것을 잘 구분해야 합니다.

그림 3-10과 같이 $2O_2$는 산소 원자(O) 2개가 결합한 산소 분자(O_2)가 2개라는 의미이고, $3H_2O$는 수소(H) 원자 2개와 산소(O) 원자 1개가 결합한 물 분자(H_2O)가 3개라는 의미입니다.

산소 분자(O_2) 2개   물 분자(H_2O) 2개

▲ 그림 3-10 분자식 $2O_2$와 $3H_2O$의 의미

배운 내용 체크하기

✔️ 두 개 이상의 원자가 결합하면 새로운 성질을 가진 ⓑⓩ가 만들어
진다.

✔️ 분자를 분자식으로 나타낼 때는 다음과 같은 규칙을 따른다.

- 분자를 이루고 있는 원자를 ⓞⓢ ⓖⓗ로 쓴다.

- 일반적으로 분자 구조에서 중심에 있는 원자의 원소 기호를 먼저 쓴다.

- 분자를 이루고 있는 원자의 개수는 원소 기호 오른쪽에 ⓞⓡ ⓩⓩ로 쓴
 다. 1개일 경우 1은 생략한다.

- 분자의 개수는 분자식 앞에 큰 숫자로 쓴다.

정답

1. 분자 2. 원소 기호 3. 아래 첨자

4장

이온

이온, 이온화합물	이온화	앙금생성반응

QR 코드를 스캔하면 유튜브 강의 영상을 볼 수 있어요!

연계 교과 : 중2 과학 I. 물질의 구성

이온이란

2장에서는 원자에 대해서 살펴보았습니다. 원자는 (+)전하를 띠는 원자핵과 (−)전하를 띠는 전자로 이루어져 있는데, 원자핵의 (+)전하량과 전자의 (−)전하량이 서로 같습니다. 다시 말해 원자 자체는 전하를 띠지 않는, 전기적으로 중성인 상태입니다. 그런데 원자 안에 있는 전자가 원자 밖으로 빠져나가기도 하고 외부에 있는 전자가 원자 안으로 들어오기도 합니다.

그림 4-1은 리튬 원자에서 전자 1개가 원자 밖으로 빠져나가는 것과 외부에 있던 전자 2개가 산소 원자로 들어오는 것을 나타낸 것입니다. 이때 원자의 중심에 있는 원자핵은 크기가 크고 무거워서 이동하지 못하고 상대적으로 크기가 작고 가벼운 전자만 원자 밖으로 나가거나 들어올 수 있습니다. 그림에서는 원자핵과 전자의 크기를 비슷하게 표현했지만 실제로는 원자핵이 전자에 비해 약 1000배 정도 더 큽니다.

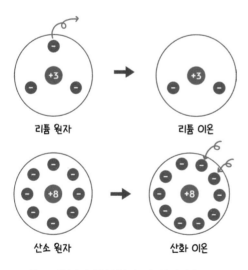

리튬 원자 → 리튬 이온

산소 원자 → 산화 이온

▲ 그림 4-1 원자가 전자를 잃거나 얻으면 이온이 된다.

중성 상태의 원자가 전자를 잃거나 얻으면 전하를 띠게 됩니다. 예를 들어 그림 4-2의 리튬 원자는 원자핵의 전하량이 (+3)이고 전자의 총 전하량이 (−3)으로, 전하를 띠지 않는 전기적으로 중성인 상태입니다. 이 상태에서 전자를 하나 잃으면 원자핵의 전하량은 그대로 (+3)인데, 전자의 총 전하량은 (−2)가 되어 (+)전하량이 더 많은 상태가 됩니다. 중성 상태였던 리튬 원자가 전자를 잃어서 (+)전하량이 더 많아지면 리튬 원자는 더 이상 중성이 아니라 (+)전하를 띠게 됩니다.

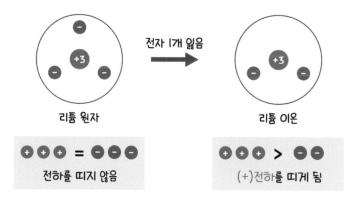

▲ 그림 4-2 리튬 원자가 전자를 잃으면 (+)전하를 띠게 된다.

다른 예시도 살펴볼까요? 그림 4-3의 산소 원자는 원자핵의 전하량이 (+8)이고 전자의 총 전하량이 (−8)로 전하를 띠지 않는 전기적으로 중성인 상태입니다. 이 상태에서 전자를 2개 얻으면 원자핵의 전하량은 그대로 (+8)인데, 전자의 총 전하량은 (−10)이 되어 (−)전하량이 더 많은 상태가 됩니다. 중성 상태였던 산소 원자가 전자를 얻어 (−)전하량이 더 많아지면 이번에는 (−)전하를 띠게 됩니다.

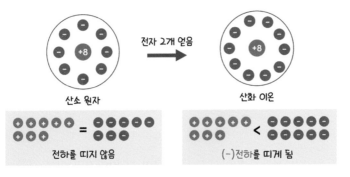

▲ 그림 4-3 산소 원자가 전자를 얻으면 (-)전하를 띠게 된다.

이와 같이 **중성 상태의 원자가 전자를 잃거나 얻어서 전하를 띠게 된 입자**를 더 이상 원자라고 부르지 않고 **이온**이라고 부릅니다. 전자를 잃어 (+)전하를 띠게 된 이온은 **양이온**이라고 하고, 전자를 얻어 (-)전하를 띠게 된 이온은 **음이온**이라고 합니다.

그림 4-2와 같이 원자가 전자를 잃어 양이온이 된 경우에는 '리튬 이온' 또는 '나트륨 이온'과 같이 원소 이름에 이온을 붙여서 '~이온'이라고 부릅니다. 그런데 그림 4-3과 같이 원자가 전자를 얻어 음이온이 된 경우에는 산소 이온이라고 하지 않고 '산화 이온'으로 부릅니다. 음이온의 경우에는 다음과 같이 '~화 이온'으로 부르는 규칙이 있기 때문입니다.

❶ 산소, 염소 등 '소'로 끝나는 원소가 음이온이 되면 소를 '화'로 바꿔 읽는다.
❷ 플루오린, 황 등 '소'로 끝나지 않는 원소가 음이온이 되면 '화'를 붙인다.

위의 규칙에 따라 그림 4-4의 산소 원자와 같이 원소 이름이 '소'로 끝나는 원자가 전자를 얻어 음이온이 되면 '산화 이온'이라고 부르며, 플루오린 원자와 같이 원소 이름이 '소'로 끝나지 않는 원자가 음이온이 되면 '플루오린화 이온'이라고 부릅니다.

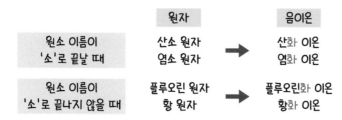

▲ 그림 4-4 음이온의 경우 '~화 이온'으로 부른다.

이온을 이온식으로 나타내는 방법

이온을 표시할 때 원소의 종류, 원자가 잃거나 얻은 전자의 수 등을 식으로 나타내는데, 이를 **이온식**이라고 합니다. 예를 들어 리튬 원자가 전자 1개를 잃어 리튬 이온이 된 것을 이온식으로 표현하는 방법은 그림 4-5와 같습니다.

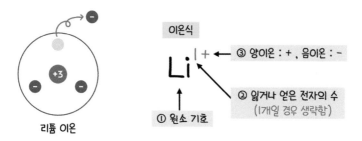

▲ 그림 4-5 리튬 이온의 이온식

①먼저 리튬의 원소 기호인 Li를 쓰고, 원소 기호의 오른쪽 위에 두 가지 정보를 표시하는데, ②원자 상태에서 잃거나 얻은 전자의 수와 ③그 결과 양이온이 되었는지 음이온이 되었는지를 표시합니다.

리튬 원자는 전자 '1개'를 잃어 '(+)전하'를 띠는 양이온이 되었으므로 Li의 오른쪽 위에 1+를 표시하는데, 전자의 개수가 1개일 경우 1은 생략하여 Li^+로 씁니다. 결국 Li^+라는 이온식은 리튬(Li) 원자가 전자 '1개'를 잃어서 '(+)전하'를 띠는 양이온이 되었다는 정보를 담고 있습니다.

다음으로 산화 이온은 산소 원자가 전자 2개를 얻어 (−)전하를 띠는 음이온이 된 것이므로 산화 이온의 이온식은 그림 4-6과 같이 쓸 수 있습니다.

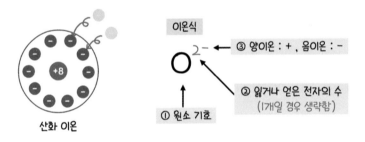

▲ 그림 4-6 산화 이온의 이온식

①먼저 산소의 원소 기호인 O를 쓰고, ②산소 원자는 전자 '2개'를 얻어 ③ '(−)전하'를 띠는 음이온이 되었으므로 O의 오른쪽 위에 2−를 표시합니다. 이온식을 쓸 때는 반드시 전자의 수를 먼저 써야 한다는 점에 주의해야 합니다. 일반적으로 전하량을 얘기할 때는 (+2) 또는 (−2)와 같이 전하의 종류가 음이온인지 양이온인지를 먼저 얘기하지만, 이온식을 쓸 때는 O^{-2}라고 쓰면 잘못된 표기법이 되므로 주의해야 합니다.

그림 4-7은 리튬 이온(Li^+)과 산화 이온(O^{2-}) 이외에 대표적인 양이온과 음이온을 나타낸 것입니다. 먼저 대표적인 양이온에는 나트륨(Na), 칼륨 (K), 은(Ag) 원자가 전자를 1개 잃으면서 형성된 나트륨 이온(Na^+), 칼륨 이온(K^+), 은 이온(Ag^+)이 있습니다. 또 칼슘(Ca)과 바륨(Ba) 원자가 전자를 2개 잃으면서 형성된 칼슘 이온(Ca^{2+})과 바륨 이온(Ba^{2+})이 있습니다.

다음으로 대표적인 음이온에는 염소(Cl) 원자가 전자를 1개 얻어 형성된 염화 이온(Cl^-), 황(S) 원자가 전자를 2개 얻어 형성된 황화 이온(S^{2-})이 있습니다. 또한 질산 이온(NO_3^-), 탄산 이온(CO_3^{2-}), 황산 이온(SO_4^{2-})과 같이 **여러 개의 원자가 결합해 하나의 이온이 되는 경우**도 있는데, 이것을 **다원자 이온**이라고 합니다. 음이온에는 '화'를 붙이는 규칙이 있지만 다원자 이온의 경우에는 적용되지 않으며 각자 고유한 이름이 있습니다.

양이온	
Na^+	나트륨 이온
K^+	칼륨 이온
Ag^+	은 이온
Ca^{2+}	칼슘 이온
Ba^{2+}	바륨 이온

음이온	
Cl^-	염화 이온
S^{2-}	황화 이온
NO_3^-	질산 이온
CO_3^{2-}	탄산 이온
SO_4^{2-}	황산 이온

▲ 그림 4-7 대표적인 양이온과 음이온

QnA

다원자 이온은 어떻게 생겼나요?

여러 개의 원자들이 결합한 분자가 전하를 띠는 경우도 있는데, 이를 다원자 이온이라고 합니다. 그림 4-8은 다원자 이온의 모습을 나타낸 것으로, 실제로는 입체적인 구조이지만 이해를 돕기 위해 평면 구조로 나타냈습니다.

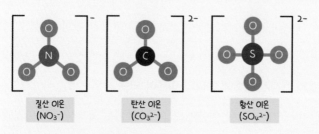

질산 이온
(NO₃⁻)

탄산 이온
(CO₃²⁻)

황산 이온
(SO₄²⁻)

▲ 그림 4-8 질산 이온, 탄산 이온, 황산 이온의 모형

질산 이온(NO_3^-)은 질소(N) 원자 1개와 산소(O) 원자 3개가 결합해 (-1)의 전하량을 띠는 음이온이고, 탄산 이온(CO_3^{2-})은 탄소(C) 원자 1개와 산소(O) 원자 3개가 결합해 (-2)의 전하량을 띠는 음이온입니다. 그리고 황산 이온(SO_4^{2-})은 황(S) 원자 1개와 산소(O) 원자 4개가 결합해 (-2)의 전하량을 띠는 음이온입니다.

더 알아보기

이온의 전하는 정해져 있다!

앞에서 리튬 원자가 전자를 1개 잃어 양이온이 되고, 산소 원자가 전자를 2개 잃어 음이온이 되는 경우를 살펴보았습니다. 그런데 반대로 리튬 원자가 전자를

얻거나 산소 원자가 전자를 잃는 경우는 없을까요? 또는 리튬 원자가 전자를 2개 잃거나, 산소 원자가 전자를 3개 얻을 수는 없을까요? 결론부터 이야기하면 그런 일은 거의 일어나지 않습니다.

그림 4-9의 주기율표를 보면 주로 양이온이 되는 원소는 빨간색으로, 음이온이 되는 원소들은 파란색으로 표시되어 있습니다. 왼쪽 첫 번째 줄의 수소, 리튬, 나트륨(소듐), 칼륨(포타슘) 등의 원소는 전자를 1개 잃어 전하량이 (+1)인 양이온이 되고, 왼쪽 두 번째 줄의 베릴륨, 마그네슘, 칼슘 등의 원소는 전자를 2개 잃어 전하량이 (+2)인 양이온이 됩니다. 반면에 오른쪽에서 세 번째 줄의 산소, 황 등의 원소는 전자를 2개 얻어 전하량이 (-2)인 음이온이 되고, 오른쪽에서 두 번째 줄의 플루오린, 염소, 브로민 등의 원소는 전자를 1개 얻어 전하량이 (-1)인 음이온이 됩니다.

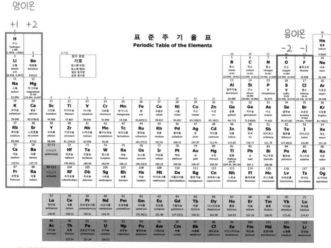

▲ 그림 4-9 주기율표에서 양이온, 음이온이 되는 원소들(출처: 대한화학회)

이온의 전하를 확인하는 방법

전기적으로 중성 상태인 원자가 전자를 잃으면 (+)전하를 띠는 양이온이 되고, 전자를 얻으면 (−)전하를 띠는 음이온이 됩니다. 양이온과 음이온이 실제로 (+)와 (−)전하를 띠는 것을 **전기 전도계**를 이용해 확인할 수 있습니다. 예를 들어 그림 4−10과 같이 설탕과 소금을 각각 물에 녹인 수용액에 전기 전도계를 꽂으면 전기가 흐르는 수용액에서만 전기 전도계에 불빛이 들어옵니다. 먼저, 소금은 나트륨 이온(Na^+)과 염화 이온(Cl^-)이 결합한 염화 나트륨($NaCl$)이라는 물질인데, 나트륨 이온(Na^+)은 양이온이므로 (+)전하를, 염화 이온(Cl^-)은 음이온이므로 (−)전하를 띱니다. 각 이온이 (+)전하와 (−)전하의 성질, 즉 전기의 성질을 가지므로 소금을 물에 녹이면 각 이온이 띠는 전하로 인해 전기가 흐르면서 전기 전도계에 불빛이 들어옵니다. 반면에 설탕은 이온으로 이루어진 물질이 아닌 중성 상태의 분자이기 때문에 물에 녹였을 때 전기가 흐르지 않아 전기 전도계에 불빛이 들어오지 않습니다.

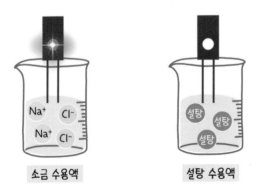

소금 수용액　　　　**설탕 수용액**

▲ **그림 4-10** 소금 수용액과 설탕 수용액에 전기가 흐르는지 전기 전도계로 확인합니다.

양이온과 음이온의 만남, 이온 화합물

앞에서 소금은 나트륨 이온(Na^+)과 염화 이온(Cl^-)이 결합한 염화 나트륨($NaCl$)이라는 물질이라고 설명했는데, 이와 같이 양이온과 음이온은 서로 짝을 이루어 결합해서 새로운 물질을 만들 수 있습니다. 그림 4-11과 같이 양이온과 음이온이 결합하여 만들어진 염화 나트륨($NaCl$)과 같은 물질을 **이온 화합물**이라고 합니다.

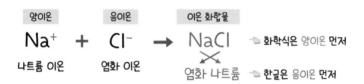

▲ 그림 4-11 나트륨 이온(Na^+)과 염화 이온(Cl^-)이 결합한 염화 나트륨($NaCl$)

염화 나트륨과 같은 이온 화합물도 $NaCl$과 같이 원소 기호를 이용해 쓸 수 있는데, 원소 기호를 이용해 분자 또는 이온 등을 나타낸 것을 **화학식**이라고 합니다. 예를 들어 나트륨 이온(Na^+)과 염화 이온(Cl^-)이 결합한 이온 화합물의 화학식은 양이온과 음이온의 이온식을 연결해서 $NaCl$로 쓸 수 있습니다. 이온 화합물을 화학식으로 나타낼 때는 (+) 또는 (−)의 전하 표시를 쓰지 않습니다. 이온 화합물은 (+)전하를 띠는 양이온과 (−)전하를 띠는 음이온이 결합한 것이므로 (+)전하와 (−)전하가 상쇄되어 결과적으로 전하가 0이 되기 때문입니다.

☆ **tip!** ────────────────────────────

3장에서 살펴본 H_2O, NH_3 같은 '분자식'도 '화학식'에 포함되는 개념입니다.

예를 들어 나트륨 이온(Na^+)은 나트륨 원자가 전자 1개를 잃어 (+)전하량이 1개 더 많은 이온이고, 염화 이온(Cl^-)은 염소 원자가 전자 1개를 얻어 (−)전하량이 1개 더 많은 이온이므로, 두 이온이 결합하면 (+)전하량과 (−)전하량의 양이 같아 전하가 상쇄되는 것입니다. 따라서 양이온과 음이온이 같은 양으로 결합한 이온 화합물은 더 이상 전하를 띠지 않으므로 Na^+Cl^-이 아닌 $NaCl$로 씁니다.

$NaCl$이라는 이온식을 한글로 읽을 때는 각 이온의 이름에서 '이온'이라는 말을 빼고 읽습니다. 그런데 이온식을 쓸 때 양이온을 먼저 썼으니 한글로 읽을 때도 '나트륨 염화'라고 읽으면 좋겠지만 한글로 읽을 때는 음이온의 이름을 먼저 읽는 규칙이 있습니다. 따라서 $NaCl$은 '나트륨 염화'가 아닌 '염화 나트륨'이라고 읽습니다. 정리하면, 나트륨 양이온(Na^+)과 염화 음이온(Cl^-)이 결합한 이온 화합물의 화학식은 $NaCl$로 쓰고, 한글로는 '염화 나트륨'으로 읽습니다. 화학식은 '양이온 먼저 쓰고', 한글로 읽을 때는 '음이온 먼저 읽는다'는 것을 기억합시다.

이온 화합물을 쓸 때 규칙

❶ 이온 화합물을 화학식으로 쓸 때는 양이온을 먼저 쓴다.

❷ 이온 화합물에는 전하를 표시하지 않는다.

❸ 이온 화합물을 한글로 읽을 때는 음이온을 먼저 읽는다.

앞에서 설명한 규칙에 따라 그림 4-12와 같이 칼륨 이온(K^+)과 염화 이온(Cl^-)이 결합하면 KCl이라는 이온 화합물이 되고, 한글로 읽을 때는 음이온의 이름을 먼저 읽으므로 '염화 칼륨'으로 읽습니다.

양이온   음이온   이온 화합물

K^+ + Cl^- → KCl ⇨ 화학식은 양이온 먼저

칼륨 이온   염화 이온   염화 칼륨 ⇨ 한글은 음이온 먼저

▲ 그림 4-12 칼륨 이온(K^+)과 염화 이온(Cl^-)이 결합한 염화 칼륨(KCl)

음이온이 다원자 이온인 경우에도 양이온과 결합해 이온 화합물을 만들 수 있습니다. 그림 4-13과 같이 은 이온(Ag^+)과 질산 이온(NO_3^-)이 결합 하면 질산 은($AgNO_3$)이라는 이온 화합물이 됩니다. 앞에서 살펴본 규칙 에 따라 이온 화합물의 화학식을 적을 때 양이온(Ag^+)과 음이온(NO_3^-)을 순서대로 $AgNO_3$로 적되 전하 표시는 생략하며, 한글로 읽을 때는 음이 온을 먼저 읽어 '질산 은'으로 읽습니다. 질산 이온(NO_3^-)과 같이 다원자 이온이 포함된 이온 화합물의 화학식을 적을 때 많은 학생들이 $AgNO_3$가 아닌 $AgNO$로 쓰는 실수를 종종 합니다. 다원자 이온이 포함된 이온 화 합물의 화학식을 쓸 때는 이와 같은 실수를 하지 않도록 각별히 주의해야 합니다.

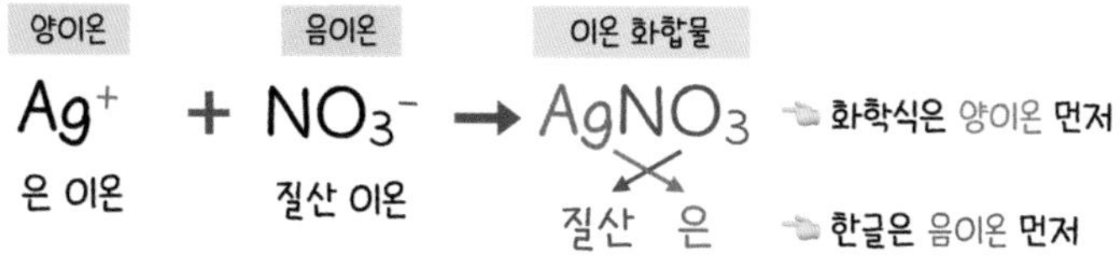

양이온   음이온   이온 화합물

Ag^+ + NO_3^- → $AgNO_3$ ⇨ 화학식은 양이온 먼저

은 이온   질산 이온   질산 은 ⇨ 한글은 음이온 먼저

▲ 그림 4-13 은 이온(Ag^+)과 질산 이온(NO_3^-)이 결합한 질산 은($AgNO_3$)

이번에는 양이온과 음이온의 전하량이 다른 경우를 살펴봅시다. 예를 들 어 칼슘 이온(Ca^{2+})과 염화 이온(Cl^-)이 결합하면 $CaCl$이 아닌 $CaCl_2$라는 이온 화합물이 되는데, 칼슘 이온(Ca^{2+})과 염화 이온(Cl^-)의 전하량이 서

로 다르기 때문입니다. 칼슘 이온(Ca^{2+})의 이온식을 보면 칼슘 원자가 전자 2개를 잃은 양이온이므로 (+)전하가 (−)전하보다 2개 더 많은 상태임을 알 수 있습니다. 반면에 염화 이온(Cl^-)은 염소 원자가 전자 1개를 얻은 음이온이므로 (−)전하가 (+)전하보다 1개 더 많은 상태입니다. 따라서 그림 4-14와 같이 칼슘 이온(Ca^{2+})과 염화 이온(Cl^-)이 각각 1개씩 결합해서 이온 화합물이 되면 이온 화합물은 중성이 아니라 (+)전하가 1개 더 많은 상태가 됩니다.

▲ 그림 4-14 칼슘 이온(Ca^{2+})과 염화 이온(Cl^-)이 1개씩 결합할 경우

그러나 양이온과 음이온이 결합해 이온 화합물이 될 때 이온 화합물의 전하는 반드시 0이 되어야 합니다. 칼슘 이온과 염화 이온이 중성 상태의 이온 화합물을 만들기 위해서는 그림 4-15와 같이 염화 이온 2개가 필요합니다.

▲ 그림 4-15 칼슘 이온(Ca^{2+})과 염화 이온(Cl^-)이 1:2의 비율로 결합할 경우

칼슘 이온(Ca^{2+}) 1개와 염화 이온(Cl^-) 2개가 결합하면 칼슘 이온의 (+)전 하량과 염화 이온의 (−)전하량이 같아 상쇄되므로 이온 화합물의 전하가 0이 됩니다. 칼슘 이온 1개와 염화 이온 2개가 결합한 염화 칼슘($CaCl_2$)을 화학식으로 쓸 때는 양이온과 음이온의 원소 기호를 쓰되, 분자식을 쓸 때와 마찬가지로 하나의 이온 화합물을 이루고 있는 각각의 이온의 수를 오른쪽에 아래 첨자로 씁니다. 염화 칼슘의 경우 칼슘 이온 '1개'와 염화 이온 '2개'가 결합했으므로 Ca_1Cl_2로 쓸 수 있는데, 1개일 경우 1은 생략하 므로 $CaCl_2$로 씁니다. 또한 $CaCl_2$를 한글로 읽을 때는 기존의 이온 화합 물을 읽을 때와 마찬가지로 음이온을 먼저 읽어 '염화 칼슘'으로 읽습니다.

QnA

2Cl⁻와 Cl₂의 차이점은?

2개의 염화 이온을 나타낼 때는 $2Cl^-$로 쓰는데 간혹 Cl_2로 쓰는 학생들이 종종 있 습니다. 그러나 그림 4-16과 같이 둘은 전혀 다른 의미이므로 주의해야 합니다. $2Cl^-$는 2개의 염화 이온(Cl^-)을 나타내는 것이고, Cl_2는 염소 원자 2개가 결합한 분 자를 나타내는 것입니다. 칼슘 이온과 이온 화합물을 만드는 것은 염소 분자(Cl_2) 가 아닌 2개의 염화 이온(Cl^-) 이므로 반드시 구분해서 적어야 한다는 점을 잊지 마세요!

$$Ca^{2+} + 2Cl^- \rightarrow CaCl_2 \ (O)$$
Cl⁻ Cl⁻

$$Ca^{2+} + Cl_2 \rightarrow CaCl_2 \ (X)$$
Cl Cl

▲ 그림 4-16 2Cl⁻와 Cl₂의 차이

마지막으로 음이온이 다원자 이온이면서 양이온과 음이온의 전하량이 다른 경우도 살펴봅시다.

그림 4-17의 나트륨 이온(Na^+)은 (+1)의 전하량을 가진 양이온이고, 탄산 이온(CO_3^{2-})은 (−2)의 전하량을 가진 음이온입니다. 나트륨 이온(Na^+)과 탄산 이온(CO_3^{2-})이 결합해 중성 상태의 이온 화합물이 되려면 그림 4-17과 같이 2개의 나트륨 이온(Na^+)이 필요합니다. 2개의 나트륨 이온(Na^+)과 1개의 탄산 이온(CO_3^{2-})이 결합해 이온 화합물이 되면 전하가 0이 되며, 이때 생성되는 이온 화합물의 화학식은 Na_2CO_3로 쓸 수 있습니다.

한글로 읽을 때는 음이온 먼저 읽으므로 '탄산 나트륨'으로 읽으며, 탄산 나트륨을 이루는 나트륨 이온이 2개이므로 화학식을 쓸 때 $NaCO_3$가 아닌 Na_2CO_3라고 써야 합니다. 또한 탄산 이온(CO_3^{2-})을 쓸 때 CO_3 분자가 하나의 이온이므로 Na_2CO가 아닌 Na_2CO_3로, 아래 첨자 3을 반드시 함께 적어야 합니다.

▲ 그림 4-17 나트륨 이온(Na^+)과 탄산 이온(CO_3^{2-})이 결합한 탄산 나트륨(Na_2CO_3)

양이온과 음이온의 헤어짐, 이온화

이온 화합물은 상온에서 대부분 고체 상태로 존재하며 물에 잘 녹는 성질이 있습니다. 앞에서 소개한 소금은 염화 나트륨($NaCl$)이라는 대표적인 이온 화합물이며, 상온에서 흰색 고체로 존재하고 물에 잘 녹습니다. 이온 화합물이 물에 잘 녹는 이유는 이온 화합물을 물에 넣었을 때 양이온과 음이온이 서로 분리되어 물속에 잘 퍼지기 때문입니다. 예를 들어 그림 4-18과 같이 소금(염화 나트륨, $NaCl$)을 물에 넣으면 나트륨 이온(Na^+)과 염화 이온(Cl^-)으로 분리되면서 물속에 잘 퍼집니다. 이렇게 **이온 화합물이 물에 녹아 양이온과 음이온으로 분리되는 것**을 이온화라고 합니다.

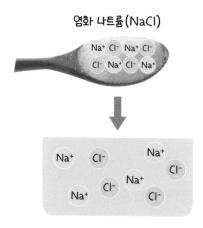

염화 나트륨($NaCl$)

▲ 그림 4-18 이온 화합물을 물에 넣으면 양이온과 음이온으로 분리된다.

이온 화합물이 물에 녹아 양이온과 음이온으로 이온화되는 몇 가지 예를 살펴봅시다.

① 염화 나트륨(NaCl)의 이온화

고체 상태의 염화 나트륨(NaCl)을 물에 넣으면 그림 4-19와 같이 나트륨 이온(Na^+)과 염화 이온(Cl^-)으로 이온화되는데, 이온 화합물이 이온화되는 것, 즉 **이온 화합물이 양이온과 음이온으로 분리되는 것을 식으로 나타낸 것**을 **이온화식**이라고 합니다.

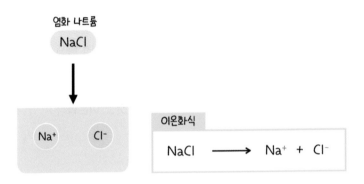

▲ 그림 4-19 염화 나트륨(NaCl)의 이온화

이온화식을 쓰는 방법은 다음과 같습니다.

❶ 처음 상태를 화살표 왼쪽에, 나중 상태를 화살표 오른쪽에 쓴다.
❷ 분리된 이온은 +로 연결해 쓴다.

염화 나트륨(NaCl)이 물에 녹아 나트륨 이온(Na^+)과 염화 이온(Cl^-)으로 분리되었으므로 화살표 왼쪽에는 염화 나트륨(NaCl)을, 화살표 오른쪽에는 나트륨 이온(Na^+)과 염화 이온(Cl^-)을 쓰면 됩니다. 이때 나트륨 이온과 염화 이온은 +로 연결합니다. 여기서 +의 의미는 둘을 더하거나 합한다는 의미보다는 단순히 여러 개의 물질을 나열할 때의 연결 기호로 이해하면 됩니다.

② 염화 칼슘(CaCl₂)의 이온화

염화 칼슘($CaCl_2$)은 물에 녹아 그림 4-20과 같이 칼슘 이온(Ca^{2+})과 염화 이온(Cl^-)으로 이온화됩니다. 여기서 주의할 점은 염화 칼슘($CaCl_2$)은 1개의 칼슘 이온(Ca^{2+})과 2개의 염화 이온(Cl^-)이 결합한 이온 화합물이므로, 염화 칼슘이 물에 녹아 이온화될 때도 1개의 칼슘 이온(Ca^{2+})과 2개의 염화 이온(Cl^-)으로 분리된다는 것입니다.

염화 칼슘의 이온화식을 쓸 때는 처음 상태였던 염화 칼슘($CaCl_2$)을 화살표 왼쪽에 쓰고, 화살표 오른쪽에는 물에 넣은 후 이온화된 상태인 칼슘 이온(Ca^{2+})과 2개의 염화 이온(Cl^-)을 쓰면 됩니다. 이때 2개의 염화 이온(Cl^-)은 $2Cl^-$로 씁니다.

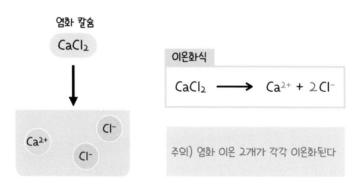

염화 칼슘
$CaCl_2$

이온화식
$$CaCl_2 \longrightarrow Ca^{2+} + 2Cl^-$$

주의) 염화 이온 2개가 각각 이온화된다

▲ 그림 4-20 염화 칼슘($CaCl_2$)의 이온화

염화 칼슘의 이온화를 그림이나 이온화식으로 표현할 때, 많은 학생들이 그림 4-21과 같은 실수를 종종 합니다. 그림 4-16에서 설명했듯이 $2Cl^-$와 $Cl_2{}^-$는 전혀 다른 의미이므로, 이런 실수를 하지 않도록 주의해야 합니다. 칼슘 이온(Ca^{2+})과 염화 이온(Cl^-)이 결합해 염화 칼슘($CaCl_2$)이 될 때 2개의 염화 이온(Cl^-)이 결합하므로, 이온 화합물이 분리될 때도 처음 상태와 같이 2개의 염화 이온(Cl^-)으로 분리된다는 점을 기억해야 합니다.

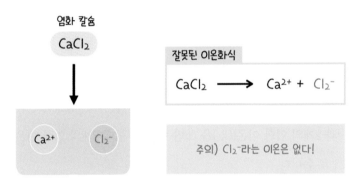

▲ 그림 4-21 염화 칼슘($CaCl_2$)의 이온화를 표현할 때 잘못된 예

③ 질산 은($AgNO_3$)의 이온화

질산 은($AgNO_3$)은 물에 녹아 그림 4-22와 같이 은 이온(Ag^+)과 질산 이온($NO_3{}^-$)으로 이온화됩니다. 질산 은의 이온화를 이온화식으로 표현할 때는 화살표 왼쪽에 처음 상태인 질산 은($AgNO_3$)을 쓰고, 화살표 오른쪽에 이온화된 상태인 은 이온(Ag^+)과 질산 이온($NO_3{}^-$)을 씁니다.

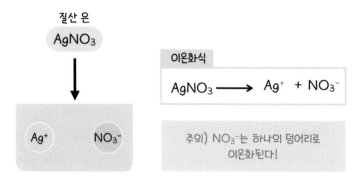

▲ 그림 4-22 질산 은(AgNO₃)의 이온화

질산 이온(NO_3^-)과 같은 다원자 이온이 포함된 이온 화합물의 이온화식을 쓸 때도 많은 학생들이 그림 4-23과 같은 실수를 합니다. NO_3^-가 아니라 3개의 NO^-가 이온화된다고 잘못 쓰는 경우가 있는데, 질산 이온(NO_3^-)은 NO^-로 분리되지 않습니다. 질산 이온(NO_3^-), 탄산 이온(CO_3^{2-}), 황산 이온(SO_4^{2-})과 같은 다원자 이온은 여러 개의 원자가 결합된 분자 자체가 하나의 이온이므로 이온화될 때도 하나의 덩어리로 이온화된다는 점을 기억합시다.

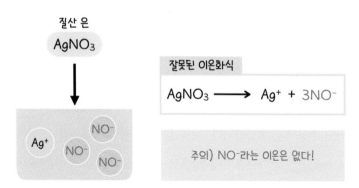

▲ 그림 4-23 질산 은(AgNO₃)의 이온화를 표현할 때 잘못된 예

④ 탄산 나트륨(Na₂CO₃)의 이온화

탄산 나트륨(Na_2CO_3)은 2개의 나트륨 이온(Na^+)과 1개의 탄산 이온(CO_3^{2-})이 결합한 이온 화합물이므로 이온화될 때도 그림 4-24와 같이 2개의 나트륨 이온(Na^+)과 1개의 탄산 이온(CO_3^{2-})으로 분리됩니다.

앞에서 언급했듯이 2개의 나트륨 이온을 쓸 때 $2Na^+$가 아닌 Na_2^+로 쓴다거나, 탄산 이온(CO_3^{2-})을 3개의 CO^-로 분리해서 쓰는 일이 없도록 주의해야 합니다.

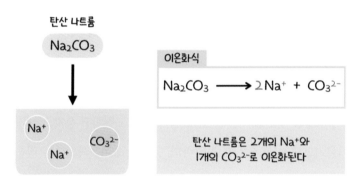

▲ 그림 4-24 탄산 나트륨(Na_2CO_3)의 이온화

이온을 확인하는 방법, 앙금생성반응

대부분의 이온 화합물은 쉽게 물에 녹아 이온화되기 때문에 이온 화합물을 물에 녹인 수용액은 투명합니다. 예를 들어 소금(염화 나트륨)을 물에 녹여 만든 소금물(염화 나트륨 수용액)은 소금이 물에 잘 녹기 때문에 투명한 액체 상태입니다. 그런데 여기에 질산 은($AgNO_3$) 수용액을 섞으면

갑자기 용액이 뿌옇게 흐려집니다.

왜냐하면 그림 4-25와 같이 염화 나트륨의 염화 이온(Cl^-)과 질산 은의 은 이온(Ag^+)이 결합해서 염화 은($AgCl$)이라는 새로운 이온 화합물을 만드는데, 염화 은($AgCl$)은 흰색 고체 물질로 물에 잘 녹지 않아서 투명했던 수용액이 뿌옇게 흐려지는 것입니다. 이렇게 염화 은($AgCl$)과 같이 **두 이온 화합물의 수용액을 섞었을 때 생성되는 물에 녹지 않는 이온 화합물**을 **앙금**이라고 부릅니다.

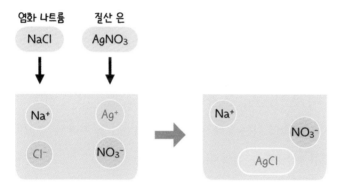

▲ **그림 4-25** 염화 이온(Cl^-)과 은 이온(Ag^+)이 만나 물에 녹지 않는 앙금이 된다.

앙금이 생성되는 과정도 식으로 표현할 수 있습니다. 이온화식을 쓸 때처럼 화살표 왼쪽에는 처음 상태를, 화살표 오른쪽에는 나중 상태를 적으면 됩니다. 처음에는 염화 나트륨($NaCl$)과 질산 은($AgNO_3$)이 있었는데, 물에 녹아 이온화된 후 염화 은($AgCl$)이 생성되었으므로 앙금이 생성되는 과정의 식은 그림 4-26과 같이 쓸 수 있습니다. 은 이온과 염화 이온이 결합한 염화 은($AgCl$)의 화학식을 쓸 때도 양이온의 원소 기호를 먼저 쓰며, 한글로 읽을 때는 음이온을 먼저 읽습니다. 나트륨 이온(Na^+)과 질산 이온(NO_3^-)은 서로 결합하지 않고 그림 4-25와 같이 각각 이온 상태로 수용액 속에 존재하는데, 이를 $Na^+ + NO_3^-$로 쓸 수도 있지만 그림 4-26의 $NaNO_3$처럼 이온 화합물 형태로 적기도 합니다.

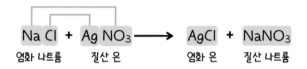

▲ 그림 4-26 염화 나트륨과 질산 은으로부터 염화 은이 생성되는 반응식

그림 4-26을 보면 앙금이 생성되는 반응은 마치 두 이온 화합물을 섞었을 때 양이온과 음이온이 서로 짝을 바꾸어 새로운 이온 화합물을 만드는 것과 같습니다.

염화 이온(Cl^-)과 은 이온(Ag^+)은 각각 이온 상태로 있는 것보다 서로 결합해서 염화 은($AgCl$)이 되는 상태가 훨씬 안정적입니다. 따라서 각자의 짝이었던 나트륨 이온(Na^+), 질산 이온(NO_3^-)과 분리된 후에 새로운 짝과 결합해 앙금을 만듭니다. 하지만 모든 이온이 염화 이온(Cl^-)과 은 이온(Ag^+)처럼 다른 이온과 결합해 물에 녹지 않는 앙금을 만드는 것은 아닙니다.

앙금을 만드는 대표적인 이온들을 그림 4-27에 나타냈습니다. 앙금을 만드는 양이온으로는 은 이온(Ag^+), 바륨 이온(Ba^{2+}), 칼슘 이온(Ca^{2+}), 납 이온(Pb^{2+})이 있고, 음이온으로는 염화 이온(Cl^-), 탄산 이온(CO_3^{2-}), 황산 이온(SO_4^{2-}), 아이오딘화 이온(I^-)이 있습니다.

양이온

Ag^+ Ba^{2+} Ca^{2+} Pb^{2+}

은 이온   바륨 이온   칼슘 이온   납 이온

음이온

Cl^- CO_3^{2-} SO_4^{2-} I^-

염화 이온   탄산 이온   황산 이온   아이오딘화 이온

▲ 그림 4-27 앙금을 만드는 대표적인 양이온과 음이온

그림 4-27의 양이온과 음이온은 서로 결합해 그림 4-28과 같은 앙금이 됩니다. 은 이온(Ag^+)은 염화 이온(Cl^-)과 결합해서 염화 은($AgCl$)이라는 앙금이 되고, 바륨 이온(Ba^{2+})은 황산 이온(SO_4^{2-})과 결합해서 황산 바륨($BaSO_4$)이라는 앙금이 됩니다. 칼슘 이온(Ca^{2+})은 탄산 이온(CO_3^{2-})과 결합해서 탄산 칼슘($CaCO_3$)이라는 앙금이 되고, 납 이온(Pb^{2+})은 2개의 아이오딘화 이온(I^-)과 결합해서 아이오딘화 납(PbI_2)이라는 앙금이 됩니다.

$AgCl$ $BaSO_4$ $CaCO_3$ PbI_2

염화 은   황산 바륨   탄산 칼슘   아이오딘화 납

▲ 그림 4-28 대표적인 앙금의 화학식과 이름

앙금을 만드는 이온이 있는가 하면 앙금을 절대 만들지 않는 이온들도 있습니다. 대표적으로 그림 4-29의 나트륨 이온(Na^+)과 질산 이온(NO_3^-)은 어떠한 이온과도 앙금을 만들지 않습니다. 두 이온 모두 N으로 시작하는 이온이며, 앙금을 절대 만들지 않으므로 'NO!'라고 외우면 좋습니다.

그림 4-30의 세 가지 이온 화합물 염화 은($AgCl$), 염화 나트륨($NaCl$), 질산 은($AgNO_3$) 중에 누가 앙금인지 골라볼까요?

은 이온(Ag^+)과 염화 이온(Cl^-)은 앙금을 만드는 양이온과 음이온이므로 두 이온이 결합한 염화 은($AgCl$)은 물에 녹지 않는 앙금입니다. 하지만 염화 나트륨($NaCl$)은 염화 이온(Cl^-)이 앙금을 만드는 음이온이지만, 나트륨 이온(Na^+)이 앙금을 만들지 않는 이온이므로 염화 나트륨은 앙금이 아니며 물에 잘 녹는 이온 화합물입니다.

$AgCl$	$NaCl$	$AgNO_3$
염화 은	염화 나트륨	질산 은

▲ 그림 4-30 염화 은은 앙금이지만 염화 나트륨과 질산 은은 앙금이 아니다.

마찬가지로 질산 은($AgNO_3$)도 은 이온(Ag^+)이 앙금을 만드는 양이온이지만, 질산 이온(NO_3^-)이 앙금을 만들지 않는 이온이므로 질산 은도 앙금이 아니며 물에 잘 녹는 이온 화합물입니다. 이처럼 나트륨 이온(Na^+)이나 질산 이온(NO_3^-)이 포함된 이온 화합물은 앙금이 아니라는 사실을 쉽게 알 수 있습니다.

+ **더 알아보기**

다양한 종류의 앙금

앙금을 만드는 대표적인 양이온으로 'ABC'를 기억하면 됩니다. 바로 은 이온(Ag^+), 바륨 이온(Ba^{2+}), 칼슘 이온(Ca^{2+})입니다. 이 양이온들은 앞에서 소개한 음이온 외에도 다양한 음이온과 만나서 앙금을 만듭니다. 또한 황화 이온(S^{2-})도 앙금을 만드는 대표적인 음이온 중 하나입니다.

양이온	음이온	앙금
은 이온(Ag^+)	염화 이온(Cl^-) 브로민화 이온(Br^-) 아이오딘화 이온(I^-)	염화 은($AgCl$) 브로민화 은($AgBr$) 아이오딘화 은(AgI)
바륨 이온(Ba^{2+})	탄산 이온(CO_3^{2-}) 황산 이온(SO_4^{2-})	탄산 바륨($BaCO_3$) 황산 바륨($BaSO_4$)
칼슘 이온(Ca^{2+})	탄산 이온(CO_3^{2-}) 황산 이온(SO_4^{2-})	탄산 칼슘($CaCO_3$) 황산 칼슘($CaSO_4$)
납 이온(Pb^{2+}) 구리 이온(Cu^{2+})	황화 이온(S^{2-})	황화 납(PbS) 황화 구리(CuS)

진주도 앙금이다

아름다운 보석 중 하나인 진주도 앙금의 한 종류라는 것을 알고 있나요? 진주의 성분은 탄산 칼슘($CaCO_3$)으로, 칼슘 이온(Ca^{2+})과 탄산 이온(CO_3^{2-})이 만나서 생성된 앙금입니다. 천연 진주는 놀랍게도 조개 안에서 만들어집니다. 바닷물에 녹아 있는 탄산 이온(CO_3^{2-})이 조개 안으로 들어오면 조개는 칼슘 이온(Ca^{2+})을 분비하는데, 두 이온이 조개 안에서 만나면 탄산 칼슘($CaCO_3$)의 흰색 앙금이 만들어지는 것이죠.

▲ 그림 4-31 천연 진주는 조개에서 만들어진다.

✔ 원자가 전자를 잃으면 ⓞⓞⓞ, 전자를 얻으면 ⓞⓞⓞ이 된다.

✔ 양이온과 음이온이 결합해 ⓞⓞ ⓗⓗⓜ이 된다.

✔ 이온 화합물은 물에 녹아 양이온과 음이온으로 ⓞⓞⓗ된다.

✔ 두 이온 화합물을 녹인 수용액을 섞었을 때 물에 녹지 않는 ⓞⓒ이 생성되기도 한다.

✔ 앙금을 만드는 양이온에는 은 이온(Ag^+), 바륨 이온(Ba^{2+}), 칼슘 이온(Ca^{2+}), 납 이온(Pb^{2+})이 있고, 음이온에는 염화 이온(Cl^-), 탄산 이온(CO_3^{2-}), 황산 이온(SO_4^{2-}), 아이오딘화 이온(I^-)이 있다.

✔ 나트륨 이온(Na^+)과 질산 이온(NO_3^-)은 앙금을 (만든다, 만들지 않는다).

정답
1. 양이온 2. 음이온 3. 이온 화합물 4. 이온화 5. 앙금 6. 만들지 않는다

2부

전기와 자기

5장

마찰 전기

———

QR 코드를 스캔하면 유튜브 강의 영상을 볼 수 있어요!

연계 교과 : 중2 과학Ⅱ. 전기와 자기

마찰 전기란

겨울철에 자주 발생하는 정전기 때문에 불편했던 경험이 한 번쯤 있지요? 친구 머리카락에 풍선을 비벼서 정전기를 만들어 본 경험도 있지 않나요? 정전기는 서로 다른 두 물체가 마찰될 때 쉽게 발생하는데, **마찰을 통해 발생하는 전기**라서 **마찰 전기**라고 부릅니다.

서로 다른 두 물체를 마찰시키면 전기가 발생하는데, 이때 한 물체는 (+)전기를, 다른 물체는 (−)전기를 띱니다. 예를 들어 풍선과 머리카락을 마찰시키면 풍선은 (−)전기를, 머리카락은 (+)전기를 띠면서 전기가 발생합니다.

두 물체를 마찰시키면 전기가 생기는 이유는 무엇일까요? 다시 말해, 두 물체를 마찰시키면 물체가 각각 (+)전기와 (−)전기를 띠는 이유가 무엇일까요? 그 이유는 물체 사이에서 전자가 이동하기 때문입니다.

2장에서 살펴본 것처럼 모든 물질은 원자로 이루어져 있으며, 원자는 그림 5-1과 같이 (+)전하를 띠는 원자핵과 (−)전하를 띠는 전자로 이루어져 있습니다. 원자핵이 가진 (+)전하의 총량과 전자가 가진 (−)전하의 총량이 같아서 원자는 전기적으로 중성인 상태, 즉 전기를 띠지 않는 상태입니다. 이때 (+)전하를 띠는 원자핵은 무거워서 이동하지 못하지만, (−)전하를 띠는 전자는 상대적으로 크기도 작고 가벼워서 쉽게 이동할 수 있습니다. 전자는 그림 5-1과 같이 원자 밖으로 빠져나갈 수도 있고, 빠져나간 전자가 새로운 원자 안으로 들어갈 수도 있습니다.

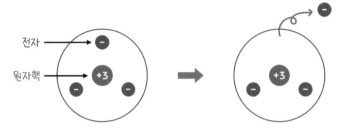

▲ 그림 5-1 원자는 원자핵과 전자로 이루어져 있으며, 전자는 자유롭게 이동할 수 있다.

풍선과 머리카락도 원자로 이루어져 있으며, 원자는 중성 상태이므로 그림 5-2와 같이 각각 (+)전하와 (−)전하로 간단히 나타낼 수 있습니다. 실제로 풍선과 머리카락에 (+)전하와 (−)전하가 3개씩 있다는 것은 아니며, 두 물체가 중성이라는 것을 보여 주고자 (+)전하량과 (−)전하량이 같은 상태를 표현한 것이니 참고하세요.

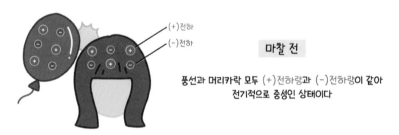

마찰 전

풍선과 머리카락 모두 (+)전하량과 (−)전하량이 같아 전기적으로 중성인 상태이다

▲ 그림 5-2 풍선과 머리카락이 전기적으로 중성인 상태이다.

풍선과 머리카락을 마찰시키면 그림 5-3과 같이 (−)전하를 가진 전자가 머리카락에서 풍선 쪽으로 이동합니다. 마찰 후 머리카락은 전자를 잃었으므로 (+)전하량이 (−)전하량보다 많은 상태가 되어 (+)전기를 띠게 됩니다. 반면에 풍선은 전자를 얻었으므로 (−)전하량이 (+)전하량보다 많은 상태가 되어 (−)전기를 띠게 됩니다.

마찰 후

전자를 얻은 풍선은 (−)전하량이 상대적으로 더 많아짐

전자를 잃은 머리카락은 (+)전하량이 상대적으로 더 많아짐

▲ 그림 5-3 풍선과 머리카락을 마찰시키면 머리카락의 전자가 풍선으로 이동한다.

이렇게 **중성 상태의 물체가 전자를 잃거나 얻어서 전기를 띠게 되는 현상**을 **대전**이라고 합니다. 중성 상태였던 풍선과 머리카락이 마찰을 통해 전기를 띠게 되었으니 두 물체는 '대전되었다'고 표현합니다.

또한 **전기를 띠게 된 물체**를 **대전체**라고 하는데, 위의 경우에 (−)전기를 띠게 된 풍선은 '(−)대전체'라고 하며, (+)전기를 띠게 된 머리카락은 '(+)대전체'라고 합니다.

정리하면, 전기를 띠지 않는 중성 상태의 두 물체를 마찰시키면 물체 사이에서 전자가 이동하는데, 전자를 잃은 물체는 (+)전기를 띠고 전자를 얻은 물체는 (−)전기를 띠게 됩니다.

즉, 두 물체를 마찰시킴으로써 전기가 발생하며 이때 생성되는 전기를 **마찰 전기**라고 합니다. 마찰 전기는 다른 곳에 흐르지않고 발생한 자리에 머물러 있는 전기라서 한자로 '머무르다'라는 뜻의 **정전기**라고 부르는 것입니다.

전하? 전기? 대전?

풍선과 머리카락을 마찰시키면 그림 5-2와 같이 머리카락에서 풍선으로 전자가 이동합니다. 전자를 얻은 풍선은 (−)전하량이 (+)전하량보다 많아지므로 (−)전기를 띠게 됩니다. 반대로 전자를 잃은 머리카락은 (+)전하량이 (−)전하량보다 많아지므로 (+)전기를 띠게 됩니다. 또한 전기를 띠게 된 것을 대전되었다고 표현하므로, 마찰 후의 머리카락과 풍선은 다음과 같이 표현할 수 있습니다.

- 머리카락 : **(+)전하**의 양이 많다 = **(+)전기**를 띤다 = (+)전하로 **대전**되었다
- 풍선 : **(−)전하**의 양이 많다 = **(−)전기**를 띤다 = (−)전하로 **대전**되었다

마찰 전기가 생기면 달라붙는 이유

풍선과 머리카락을 강하게 마찰시키면 '타다닥'하는 소리와 함께 마찰 전기가 발생하면서 머리카락이 풍선에 달라붙는 것을 볼 수 있습니다. 마찰로 인해 (−)전기를 띠게 된 풍선과 (+)전기를 띠게 된 머리카락 사이에 서로 당기는 방향으로 힘이 작용하기 때문입니다. 이때 두 물체 사이에 작용하는 힘을 **전기력**이라고 합니다. **전기력은 전기를 띠는 물체 사이에서 작용하는 힘**으로, 물체가 가진 전기의 종류에 따라 밀어내는 방향 또는 당기는 방향으로 힘이 작용합니다.

그림 5-4와 같이 서로 같은 종류의 전기를 띤 물체 사이에는 밀어내는 방향으로 힘이 작용하고, 서로 다른 종류의 전기를 띤 물체 사이에는 당

기는 방향으로 힘이 작용합니다. 마치 자석의 같은 극끼리는 밀어내고, 다른 극끼리는 당기는 것과 같습니다. 풍선과 머리카락도 마찰로 인해 서로 다른 종류의 전기를 띠게 되므로, 두 물체 사이에 당기는 방향으로 전기력이 작용해 두 물체가 서로 달라붙는 것입니다.

▲ 그림 5-4 서로 같은 종류의 전기를 띤 물체 사이에는 밀어내는 방향으로, 서로 다른 종류의 전기를 띤 물체 사이에는 당기는 방향으로 전기력이 작용한다.

정리하면, 서로 다른 두 물체를 마찰시킬 때 물체 사이에 전자가 이동하면서 전자를 잃은 물체는 (+)전기를, 전자를 얻은 물체는 (−)전기를 띠게 되는데, 둘은 서로 다른 종류의 전기이므로 두 물체 사이에 당기는 방향으로 전기력이 작용하여 물체가 달라붙는 것입니다.

누가 전자를 잃을까

서로 다른 두 물체를 마찰시키면 한 물체는 전자를 잃어 (+)전기를 띠게 되고 다른 물체는 전자를 얻어 (−)전기를 띠게 됩니다. 그렇다면 두 물체를 마찰시킬 때 (+)전기를 띨 물체와 (−)전기를 띨 물체를 어떻게 알 수 있을까요? 그것은 물체가 전자를 끌어당기는 힘이 얼마나 강한지에 따라 달라집니다.

예를 들어 풍선과 머리카락을 비교해 봅시다. 풍선은 머리카락에 비해 전자를 끌어당기는 힘이 강한 물체입니다. 따라서 두 물체를 마찰시키면 풍선이 머리카락의 전자를 끌어당겨서 머리카락의 전자가 풍선으로 이동해 풍선은 (−)전기를 띠게 되고, 전자를 빼앗긴 머리카락은 (+)전기를 띠게 됩니다. 물체가 전자를 끌어당기는 힘을 비교해 그림 5-5와 같이 나열한 것을 **대전열**이라고 합니다.

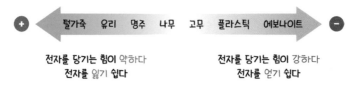

▲ 그림 5-5 물체가 전자를 당기는 힘을 비교해 나열한 대전열

그림 5-5에서 왼쪽에 있는 털가죽과 명주는 전자를 당기는 힘이 상대적으로 약하고, 오른쪽에 있는 고무와 에보나이트는 전자를 당기는 힘이 상대적으로 강한 물질입니다. 따라서 서로 다른 두 물체를 마찰시킬 때, 대전열의 왼쪽에 있는 물체일수록 전자를 잃어 (+)전기를 띠고, 오른쪽에 있는 물체일수록 전자를 얻어 (−)전기를 띱니다.

✔ 서로 다른 두 물체를 마찰하면 전기가 발생하는데 이때 발생하는 전기를 ㅁㅊㅈㄱ라고 한다.

✔ 마찰 전기가 발생하는 이유는 물체 사이에 ㅈㅈ가 이동하기 때문이다.

✔ 전자를 (잃은, 얻은) 물체는 (+)전기를 띠고, 전자를 (잃은, 얻은) 물체는 (−)전기를 띠게 된다.

✔ (+)전기와 (−)전기를 띠는 물체 사이에는 서로 당기는 방향으로 ㅈㄱㄹ이 작용한다.

정답 --

1. 마찰 전기 2. 전자 3. 잃은 4. 얻은 3. 전기력

정전기 유도

QR 코드를 스캔하면 유튜브 강의 영상을 볼 수 있어요!

연계 교과 : 중2 과학 II, 전기와 자기

정전기 유도 현상이란

5장에서 살펴본 것처럼 서로 다른 두 물체를 마찰시키면 전자가 이동하면서 물체가 전기를 띠게 됩니다. 예를 들어 풍선과 머리카락을 마찰시키면 머리카락의 전자가 풍선으로 이동하는데, 전자를 잃은 머리카락은 (+)전기를 띠게 되고 전자를 얻은 풍선은 (−)전기를 띠게 됩니다. 이때 발생하는 전기를 마찰 전기라고 하며, (+)전기를 띠는 머리카락과 (−)전기를 띠는 풍선 사이에 전기력이 작용해 두 물체가 서로 끌어당기게 됩니다.

6장에서는 두 물체를 마찰시키는 방법 말고도 물체가 전기를 띠게 할 수 있는 방법을 소개하려 합니다. 바로 전기를 띠는 물체, 즉 대전체를 중성 상태의 물체에 가까이 가져가는 것입니다. 전기를 띠지 않는 중성 상태의 물체에 대전체를 가까이 가져가기만 해도 전기가 발생하는데, 이와 같은 현상을 정전기 유도 현상이라고 합니다.

정전기 유도 현상을 확인하기 위해 그림 6-1과 같이 스티로폼 공에 은박지(알루미늄 포일)를 감싸서 은박구를 만듭니다. 은박구는 전기를 띠지 않는 중성 상태인데, 여기에 (−)전기를 띠는 막대를 가까이 가져가면 은박구가 막대 쪽으로 끌려오는 현상을 관찰할 수 있습니다.

▲ 그림 6-1 중성 상태의 은박구에 (−)대전체를 가까이 하면 은박구가 대전체 쪽으로 끌려온다.

은박구가 대전체 쪽으로 끌려오는 이유는 두 물체 사이에 당기는 방향으로 전기력이 발생했기 때문이며, 전기력이 발생했다는 것은 은박구도 전기를 띤다는 것을 의미합니다. 은박구가 끌려오는 현상을 이해하려면 은박구 속 전하의 분포를 살펴봐야 합니다. 은박구는 전하를 띠지 않는 중성 상태이므로 그림 6-2와 같이 (+)전하와 (−)전하의 양이 같습니다.

▲ 그림 6-2 (-)전기를 띠는 막대와 중성 상태의 은박구

이때 그림 6-3과 같이 (−)전기를 띠는 막대를 중성인 은박구 쪽으로 가져가면 막대의 (−)전하와 은박구의 (−)전하 사이에 밀어내는 방향으로 전기력이 작용해 은박구의 전자가 막대와 먼 쪽으로 이동하게 됩니다. 물론 막대의 (−)전하와 은박구의 (+)전하 사이에도 당기는 방향으로 전기력이 작용하지만, (+)전하는 무거워서 이동하지 못하므로 막대 쪽으로 이동하지는 않고 제자리에 남아 있게 됩니다.

▲ 그림 6-3 (-)대전체가 가까이 오면 은박구의 전자가 대전체와 먼 쪽으로 이동한다.

전자의 이동으로 인해 은박구에서 막대와 가까운 쪽은 상대적으로 (+)전하량이 많아지고, 막대와 먼 쪽은 상대적으로 (−)전하량이 많아집니다. 은박구의 (+)전하량과 (−)전하량의 총량은 변하지 않았지만, (−)전하를 가진 전자가 한 쪽으로 쏠리면서 은박구 내에서 (+)전하량이 많은 곳과 (−)전하량이 많은 곳으로 나뉘는 현상이 발생합니다.

이로 인해 그림 6-4와 같이 은박구에서 막대와 가까운 쪽은 (+)전기를, 막대와 먼 쪽은 (−)전기를 띠게 됩니다. 이때 (−)대전체와 은박구의 (+)전기를 띠는 부분 사이에 서로 당기는 방향으로 전기력이 작용해 은박구가 막대 쪽으로 끌려오는 현상이 나타납니다. 이와 같이 전기를 띠지 않는 **중성 상태의 물체에 대전체를 가까이 가져갔을 때, 한 물체 내에서 전자가 한쪽으로 쏠리면서 전기를 띠게 되는 현상**을 **정전기 유도 현상**이라고 합니다.

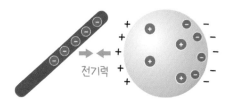
전기력

▲ **그림 6-4** 은박구에서 막대와 가까운 쪽이 (+)전기를 띠므로 (-)대전체와 은박구 사이에 당기는 방향으로 전기력이 작용한다.

정전기 유도 현상은 주로 금속 물체에서 일어납니다. 금속은 다른 물체에 비해 전자가 자유롭게 이동하는 성질이 있어서 대전체가 가까이 왔을 때 전자가 한쪽으로 쏠리는 정전기 유도 현상이 잘 관찰됩니다. 스티로폼 공을 금속 재질의 알루미늄 포일로 감싼 것도 정전기 유도 현상을 쉽게 확인하기 위해서입니다.

그렇다면 대전체의 전하를 바꿔서 (+)전하로 대전된 막대를 은박구에 가까이 가져가면 어떻게 될까요?

그림 6-5와 같이 (+)대전체를 중성 상태의 은박구에 가까이 가져가면 (−)전하를 가진 전자가 (+)대전체와 당기는 방향으로 전기력이 작용해 대전체 쪽으로 이동합니다. 결과적으로 대전체와 가까운 쪽은 (−)전하량이 많아지고, 대전체와 먼 쪽은 상대적으로 (+)전하량이 많아지는 현상이 나타납니다.

물론 이 경우에도 (+)전하는 이동하지 않으며, 은박구에서 대전체와 가까운 쪽은 (−)전기를, 대전체와 먼 쪽은 (+)전기를 띠게 됩니다. 또한, 은박구의 (−)전기를 띠는 부분과 (+)대전체 사이에 당기는 방향으로 전기력이 작용해 은박구가 대전체 쪽으로 끌려오는 현상이 나타납니다.

결론적으로 대전체가 가진 전하의 종류에 관계없이 대전체를 중성 상태의 금속에 가까이 가져가면 전자의 이동으로 인해 금속은 전기를 띠게 되며, 대전체와 금속 사이에 당기는 방향으로 전기력이 작용합니다.

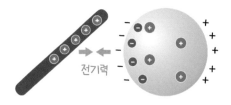

▲ 그림 6-5 (+)대전체를 가까이 할 때 전자의 이동 방향

금속 내에서 전자의 이동으로 인해 (+)전하와 (−)전하가 한 쪽에 쏠리는 것을 '전하가 유도된다'라고 표현합니다. 예를 들어 그림 6-6과 같이 중성 상태의 금속에 (−)대전체를 가까이 하면 전자가 대전체와 먼 쪽으로

이동합니다. 따라서 대전체와 가까운 쪽은 (+)전하가 유도되고, 대전체와 먼 쪽은 (−)전하가 유도됩니다.

반대로 (+)대전체를 가까이 하면 전자가 대전체와 가까운 쪽으로 이동하므로, 대전체와 가까운 쪽은 (−)전하가 유도되고 대전체와 먼 쪽은 (+)전하가 유도됩니다. 두 경우 모두 금속 내에서 대전체와 가까운 쪽에는 대전체와 다른 종류의 전하가 유도되므로, 대전체의 전하의 종류에 관계없이 대전체와 금속 사이에는 당기는 방향으로 전기력이 작용합니다.

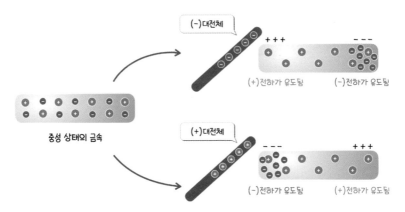

▲ 그림 6-6 금속에 (−)대전체와 (+)대전체를 가까이 가져갈 때 금속에 유도되는 전하

검전기의 원리

정전기 유도 현상을 이용해 어떤 물체가 대전되었는지 아닌지, 즉 **어떤 물체가 전기를 띠고 있는지를 알아내는 장치**가 **검전기**입니다. 검전기의 구조는 그림 6-7과 같이 금속판, 금속 막대, 금속박이 서로 연결되어 있고, 유리병으로 둘러싸여 있습니다. 검전기 내부가 금속으로 되어 있는 이유는 앞서 설명한 것처럼 금속은 다른 물질에 비해 전자가 자유롭게 이동할 수 있기 때문입니다.

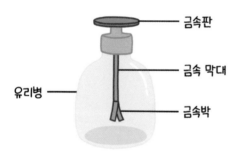

▲ 그림 6-7 검전기의 구조

검전기를 이용해 물체의 대전 여부를 알아내는 방법은 간단합니다. 그림 6-8과 같이 검전기의 금속박은 평소에는 오므라든 상태지만, 금속판 부분에 대전체를 가까이 하면 금속박이 벌어지는 것을 관찰할 수 있습니다. 하지만 전기를 띠지 않는 중성 물체를 금속판 부분에 가까이 가져가면 금속박에 아무런 변화가 없습니다.

평소에는 금속박이 오므라든 상태   대전체를 가까이 하면 금속박이 벌어짐   영상으로 보기

▲ 그림 6-8 검전기에 대전체를 가까이 가져가면 금속박이 벌어진다.

대전체를 금속판에 가까이 가져갔을 때 금속박이 벌어지는 이유는 정전기 유도 현상으로 설명할 수 있습니다. 검전기의 금속판과 금속박은 중성 상태이므로 그림 6-9의 왼쪽 그림과 같이 (+)전하와 (−)전하의 양이 같은 상태입니다. 이때 (−)대전체를 금속판에 가까이 가져가면 금속판에 있던 전자와 (−)대전체 사이에 밀어내는 방향으로 전기력이 작용해 전자가 금속박 쪽으로 내려갑니다. 전자의 이동으로 인해 그림 6-9의 오른쪽 그림과 같이 금속박에는 많은 양의 전자가 쏠리게 되어 금속박이 (−)전기를 띠게 됩니다. 그 결과 금속박의 (−)전하 사이에 밀어내는 방향으로 전기력이 작용해 금속박이 벌어집니다.

정리하면, (−)대전체를 검전기의 금속판에 가까이 가져가면 정전기 유도 현상으로 인해 대전체와 가까운 금속판에는 (+)전하가 유도되고, 대전체와 먼 금속박에는 (−)전하가 유도되며, 금속박의 (−)전하 사이에 밀어내는 방향으로 전기력이 작용해 금속박이 벌어집니다.

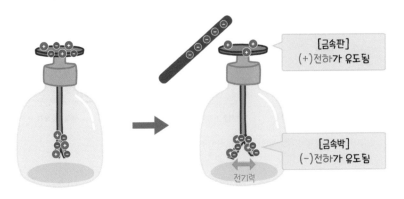

▲ 그림 6-9 검전기의 금속판에 (-)대전체를 가까이 가져갈 때

반대로 (+)대전체를 금속판에 가까이 가져가면 어떻게 될까요? (+)대전체를 금속판에 가까이 가져가면 그림 6-10의 오른쪽 그림과 같이 대전체의 (+)전하와 전자의 (−)전하 사이에 당기는 방향으로 전기력이 작용해 금속박에 있던 전자가 금속판으로 이동합니다. 전자의 이동으로 인해 금속박에는 (+)전하만 남게 되어 이번에는 금속박이 (+)전기를 띠게 됩니다. 그 결과 금속박의 (+)전하 사이에 밀어내는 방향으로 전기력이 작용해 금속박이 벌어집니다.

정리하면, (+)대전체를 검전기의 금속판에 가까이 가져가면 정전기 유도 현상으로 인해 대전체와 가까운 금속판에는 (−)전하가 유도되고, 대전체와 먼 금속박에는 (+)전하가 유도됩니다. 그리고 금속박의 (+)전하 사이에 밀어내는 방향으로 전기력이 작용해 금속박이 벌어집니다.

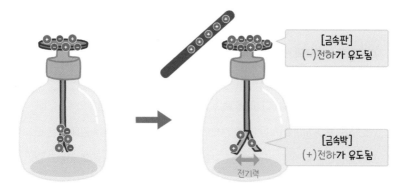

▲ 그림 6-10 검전기의 금속판에 (+)대전체를 가까이 가져갈 때

결과적으로 검전기의 금속판에 (−)대전체를 가까이 가져가도 금속박이 벌어지고, (+)대전체를 가까이 가져가도 금속박이 벌어지는 것을 알 수 있습니다. 즉, 대전체가 띠는 전하의 종류에 관계없이 대전체를 금속판에 가까이 가져가면 전자가 한쪽으로 쏠리는 정전기 유도 현상이 발생합니다. 그 결과 금속박에는 같은 종류의 전하 사이에 밀어내는 방향으로 전기력이 작용해 금속박이 벌어집니다.

하지만 전기를 띠지 않는 중성 상태의 물체를 금속판에 가까이 가져가면 전자가 이동하지 않으므로 아무런 현상이 나타나지 않겠죠? 따라서 어떤 물체를 검전기의 금속판에 가까이 가져갔을 때 금속박이 벌어지는지를 확인하면 그 물체가 전기를 띠는 물체인지 아닌지 쉽게 알아낼 수 있답니다.

검전기로 대전체의 전하량 알아내기

검전기의 금속판에 대전체를 가까이 가져갈 때 대전체가 가진 전하량이 클수록 금속박이 많이 벌어집니다. 예를 들어 그림 6-11과 같이 중성 상태의 검전기에 (-)대전체를 가까이 가져갈 때, 대전체의 (-)전하량이 클수록 금속판에 있는 전자를 밀어내는 힘이 강하므로 많은 양의 전자가 금속박으로 이동합니다. 그 결과 금속박에 모인 (-)전하 사이에 밀어내는 힘이 커져서 금속박이 많이 벌어집니다.

(+)대전체도 마찬가지로 대전체의 (+)전하량이 클수록 금속박에 있는 많은 양의 전자가 금속판으로 이동하므로, 금속박에 남아있는 (+)전하 사이에 밀어내는 힘이 커져서 금속박이 많이 벌어집니다.

이처럼 여러 가지 대전체를 금속판에 가까이 가져갈 때 금속박이 벌어지는 정도를 비교하면 대전체의 전하량을 비교할 수 있습니다.

전하량이 작은 대전체가   중성 상태의 검전기   전하량이 큰 대전체가
가까이 올 때   가까이 올 때

▲ 그림 6-11 대전체의 전하량이 클수록 검전기의 금속박이 많이 벌어진다.

배운 내용 체크하기

✔ 전기를 띠지 않는 중성 상태의 금속 물체에 대전체를 가까이 하면 대전체와 가까운 쪽은 대전체와 (다른, 같은) 종류의 전하가, 대전체와 먼 쪽은 대전체와 (다른, 같은) 종류의 전하가 유도된다.

✔ ㄱㅈㄱ는 정전기 유도 현상을 이용해 물체의 대전 여부를 알아보는 장치이다.

✔ 대전체를 검전기의 금속판에 가까이 가져가면 정전기 유도 현상으로 인해 ㄱㅅㅂ이 벌어지지만, 전기를 띠지 않는 물체를 금속판에 가까이 가져가면 아무런 변화가 없다.

정답 ——————————————————

1. 다른 2. 같은 3. 검전기 4. 금속박

7장

전류, 전압, 저항

———

QR 코드를 스캔하면 유튜브 강의 영상을 볼 수 있어요!

연계 교과 : 중2 과학Ⅱ. 전기와 자기

지속적으로 흐르는 전기

5장과 6장에서는 마찰 전기와 정전기 유도 현상에 대해 알아보았습니다. 서로 다른 두 물체를 마찰시키면 물체 사이에 전자가 이동하면서 전자를 잃은 물체는 (+)전기를, 전자를 얻은 물체는 (−)전기를 띠게 됩니다.

또한, 중성 상태의 금속에 대전체를 가까이 하면 금속 내에서 전자가 이동하면서 전자가 많이 쏠린 곳은 (−)전기를 띠고, 상대적으로 전자가 부족한 곳은 (+)전기를 띱니다.

두 현상 모두 공통적으로 전자가 이동함으로써 전기가 발생합니다. 즉, 전기가 발생하기 위해서는 전자가 이동해야 합니다. 그런데 마찰 전기와 정전기 유도 현상을 통해 발생한 전기는 매우 일시적으로 발생한 전기입니다.

예를 들어 그림 7-1과 같이 마찰 전기를 이용해서 형광등의 불을 켠다고 생각해 봅시다. 풍선을 머리카락에 마찰시켜 (−)전하로 대전시킨 후, 형광등에 풍선을 대면 풍선에 있던 전자가 형광등으로 이동하면서 형광등이 일시적으로 켜질 수 있습니다. 하지만 전자가 이동하고 나면 전자를 잃은 풍선은 다시 중성 상태가 되므로, 더 이상 전자가 이동하지 않아 형광등의 불이 곧 꺼집니다.

만약 형광등이 켜진 상태를 계속 유지하려면 전자가 지속적으로 이동할 수 있게 만들어야 합니다.

▲ 그림 7-1 (-)전하로 대전된 풍선으로 형광등을 일시적으로 켤 수 있다.

전기가 끊어지지 않으려면 **전자를 지속적으로 이동시켜 줄 장치**가 필요한
데, 그 장치가 바로 **전지**입니다. 전지에는 다양한 종류가 있는데, 우리가
흔히 사용하는 건전지도 전지의 한 종류입니다. 전지가 전자를 지속적으
로 이동시키는지 확인하기 위해서는 그림 7-2와 같이 전구가 필요합니
다. 또 전지와 전구를 이어줄 도선(또는 전선이라고도 함)도 필요합니다.
이렇게 **전지, 전구, 도선 등을 연결해 전자가 지속적으로 이동할 수 있도록**
만든 것을 **전기 회로**라고 합니다.

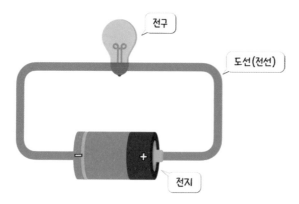

▲ 그림 7-2 전자가 지속적으로 이동할 수 있도록 만든 간단한 전기 회로

전기 회로에서 전자는 도선을 따라 이동하다가 전구를 지나 건전지로 들어오는데, 전자가 전구를 지날 때 전구가 켜집니다. 전기 회로에서 전자가 전선을 따라 이동하며 전구를 켜는 것을 그림 7-3과 같이 물이 수로를 따라 흐르며 물레방아를 돌리는 것에 비유할 수 있습니다.

물이 수로를 따라 흐르다가 아래로 떨어지면서 물레방아를 돌리고, 떨어진 물을 펌프가 끌어올려서 다시 물레방아를 돌립니다. 만약 물을 끌어올리는 펌프가 없다면 수로에 있는 물이 모두 떨어진 후에는 물이 흐르지 않아 물레방아가 멈출 것입니다. 하지만 펌프가 지속적으로 물을 끌어올려주기 때문에 물이 한 방향으로 흐르면서 물레방아가 계속 돌아갈 수 있습니다.

▲ 그림 7-3 전지의 역할을 펌프에 비유할 수 있다.

마찬가지로 전기 회로에서 전지의 역할을 펌프에 비유할 수 있습니다. 돌아가는 물레방아에서 떨어진 물을 펌프가 끌어올려 다시 물레방아를 돌리듯이, 전지도 이와 비슷한 역할을 합니다.

그림 7-4와 같이 전자는 전지의 (−)극에서 출발하여 회로를 돌며 전구를 켜고 전지의 (+)극으로 들어오는데, 들어온 만큼의 전자가 다시 전지의 (−)극에서 방출되어 회로를 돌게 되는 것이지요. 이처럼 전지는 회로 안

에서 전자의 이동이 끊어지지 않고 지속적으로 유지될 수 있도록 만드는
역할을 합니다.

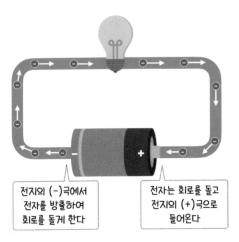

전지의 (−)극에서
전자를 방출하여
회로를 돌게 한다

전자는 회로를 돌고
전지의 (+)극으로
들어온다

▲ 그림 7-4 전지가 연결된 회로에서는 전자가 한 방향으로 지속적으로 이동한다.

전하의 흐름, 전류

전지가 연결된 전기 회로에서 (−)전하를 가진 전자가 한 방향으로 이동
함으로써 전기가 흐르게 되는데, 이러한 **전하의 흐름**을 **전류**라고 합니다.
그림 7-5는 도선의 내부를 표현한 것인데, 왼쪽 그림은 전지가 연결되지
않은 상태, 즉 전류가 흐르지 않는 상태를 나타낸 것이고, 오른쪽 그림은
전지가 연결되어 전류가 흐르는 상태를 나타낸 것입니다. 전류가 흐르지
않는다고 해서 전자가 멈춰 있는 것이 아닙니다. 그림 7-5의 왼쪽 그림
과 같이 전자가 자유로운 방향으로 이동하다가 도선에 전지를 연결하면
그림 7-5의 오른쪽 그림과 같이 전자가 한 방향으로 이동하며 전류가 흐

르게 됩니다.

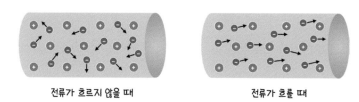

전류가 흐르지 않을 때　　　　　　**전류가 흐를 때**

▲ 그림 7-5 전류가 흐르지 않을 때와 전류가 흐를 때 도선의 내부 모습

전류의 세기를 측정할 때는 그림 7-6과 같이 1초 동안 도선의 한 단면을 통과하는 전하의 양을 측정합니다. 전자가 이동하는 속도가 빠를수록, 도선의 단면적이 넓을수록 전류의 세기는 증가합니다. 전류의 세기는 전류계라는 장치를 이용해 측정할 수 있으며, 이때 사용하는 전류의 단위는 **A(암페어)**입니다.

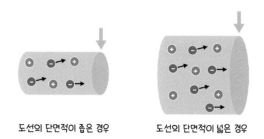

도선의 단면적이 좁은 경우　　　**도선의 단면적이 넓은 경우**

▲ 그림 7-6 전류의 세기는 1초 동안 도선의 한 단면적을 지나는 전하의 양을 측정한다.

전자의 속도가 빠를수록, 도선의 단면적이 넓을수록 전류의 세기가 증가하는 이유는 무엇일까요? 예를 들어 그림 7-7과 같이 결승점을 향해 여러 명의 아이들이 달려갈 때, 1초 동안 결승점을 통과하는 아이들이 몇 명인지 세어 본다고 합시다. 아이들의 달리기 속도가 빠를수록, 달리는 길이 넓을수록 더 많은 아이들이 결승점을 통과할 것입니다. 마찬가지로 전류 값이 크다는 것은 1초 동안 더 많은 양의 전자가 도선의 한 단면적을 지나감을 의미합니다. 따라서 다른 조건들이 같다면 전자의 속도가 빠를수록, 도선의 단면적이 넓을수록 더 많은 전자가 지나갈 수 있으므로 전류의 세기는 증가합니다.

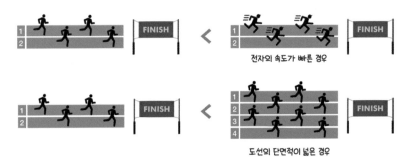

▲ 그림 7-7 전자의 속도가 빠를수록, 도선의 단면적이 넓을수록 전류의 세기는 증가한다.

전류를 흐르게 하는 전지의 능력, 전압

앞서 그림 7-4에서 전자를 한 방향으로 지속적으로 이동시키는 것이 전지의 역할이라고 했습니다. 따라서 전지가 곧 전류를 흐르게 한다고 할 수 있습니다. **전류를 흐르게 하는 전지의 능력**을 **전압**이라고 하며, 전압의 단위는 **V(볼트)**입니다. 건전지를 예로 들면, 건전지의 종류에 따라 전압은 1.5V, 3V, 9V 등 다양합니다. 전압은 전류를 흐르게 하는 전지의 능력을 나타낸 것이므로, 다른 조건이 동일하다면 회로에 연결한 전지의 전압이 클수록 회로에 흐르는 전류의 세기가 큽니다.

예를 들어 그림 7-8과 같이 전압이 1.5V인 전지와 3V인 전지를 사용한 두 회로가 있다고 가정해 볼까요? 다른 조건이 동일하다면 전압이 3V인 전지를 사용한 회로에서 전류의 세기가 더 크며, 전구의 밝기가 더 밝습니다.

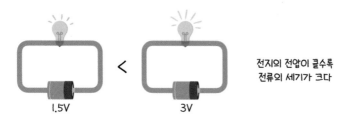

전지의 전압이 클수록
전류의 세기가 크다

▲ 그림 7-8 전압이 다른 전지를 연결한 전기 회로에 흐르는 전류의 세기 비교

전류의 흐름을 방해하는 정도, 저항

만약 같은 전압의 전지를 사용할 때 전구의 종류가 달라지면 어떻게 될까요? 그림 7-3의 물레방아가 있는 수로를 생각해 봅시다. 같은 펌프를 사용하더라도 물레방아의 크기에 따라 물레방아를 돌리는 속도나 물이 흐르는 속도가 달라질 것입니다. 전기 회로에서도 마찬가지입니다. 전구의 종류에 따라 전류의 세기가 달라지죠. 그 이유는 전자가 회로를 따라 이동하다가 전구를 지날 때 일시적으로 방해를 받게 되는데, 전구의 종류에 따라 전자의 이동을 방해하는 정도가 다르기 때문입니다. 이와 같이 **전류의 흐름을 방해하는 정도**를 **전기 저항** 또는 **저항**이라고 합니다. 그리고 저항의 크기를 나타내는 단위로는 **Ω(옴)**을 사용합니다. 전기 회로에서 용

도에 따라 전구 대신 전동기나 니크롬선 등 다양한 장치를 연결할 수 있으며, 각 장치들이 전자의 이동을 방해하는 정도에 따라 서로 다른 저항 값을 가집니다.

저항은 전자의 이동을 방해하는 정도를 나타낸 것이므로, 저항의 크기가 클수록 전류의 세기는 작습니다. 예를 들어 그림 7-9와 같이 저항의 크기가 1Ω인 전구와 3Ω인 전구를 연결한 회로가 있다고 가정해 볼까요? 다른 조건이 동일하다면 저항의 크기가 3Ω인 전구를 사용한 회로에서 전자의 이동을 더 많이 방해하므로 전류의 세기는 더 작습니다.

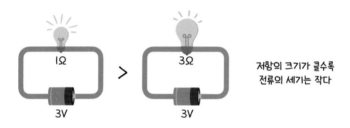

저항의 크기가 클수록
전류의 세기는 작다

▲ 그림 7-9 저항 값이 다른 전구를 연결한 전기 회로에 흐르는 전류의 세기 비교

전류의 방향

그림 7-4에서 설명했듯이 전류는 일정한 방향으로 흐르며, 전류가 흐르는 이유는 전자가 이동하기 때문입니다. 전자는 그림 7-10의 왼쪽 그림과 같이 전지의 (−)극에서 나와서 (+)극으로 들어가는 방향으로 이동하므로, 전류가 흐르는 방향도 전지의 (−)극에서 (+)극으로 흐른다고 생각할 수 있습니다. 하지만 전류의 방향은 그림 7-10의 오른쪽 그림과 같이 전

지의 (+)극에서 (−)극으로 흐른다고 정하여 사용하고 있습니다. 이처럼 전류의 방향은 실제 전자의 이동과는 다르지만, 과학자들이 정한 일종의 약속입니다.

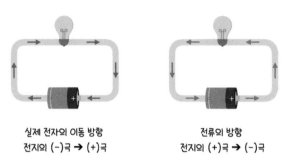

실제 전자의 이동 방향
전지의 (−)극 ➜ (+)극

전류의 방향
전지의 (+)극 ➜ (−)극

▲ 그림 7-10 전자의 이동 방향과 전류의 방향

전류의 방향을 실제 전자가 이동하는 방향과 왜 다르게 정했을까요? 과거의 과학자들이 전기가 흐른다는 것을 알아내고 전류의 방향을 연구할 당시에는 전자의 존재를 알지 못했습니다. 전류의 방향을 알아낼 과학적 기술이 부족했기 때문에 과학자들은 전류의 방향을 전지의 (+)극에서 (−)극으로 흐른다고 정한 거죠. 이후 전류가 생기는 이유는 전자의 이동 때문임이 밝혀졌고, 실험을 통해 전자의 이동 방향을 알아냈습니다. 그 결과 과학자들의 예측과는 반대로 전자는 전지의 (−)극에서 나와 (+)극으로 향하는 방향으로 이동했습니다. 이전에 정한 전류의 방향과 실제 전자의 이동 방향이 서로 반대임을 알게 되었지만, 과학자들은 전류의 방향을 변경하지 않고 그대로 사용하기로 약속했습니다. 따라서 지금도 전류의 방향은 전지의 (+)극에서 (−)극으로 흐른다고 정해서 사용하는 것입니다. 이처럼 과학 지식은 과학자들의 약속에 의해 정해지는 경우도 있으며, 전류의 방향을 전지의 (+)극에서 (−)극으로 흐른다고 정하는 것이 전자력, 유도 전류 등의 개념을 설명할 때 도움이 되기도 합니다.

전기 회로도

전기 회로를 간단한 기호로 나타낸 것을 **전기 회로도**라고 합니다. 먼저 전기 회로에 연결하는 장치들의 기호를 살펴볼까요? 그림 7-11의 전지는 (+)극을 긴 세로선으로, (−)극을 짧고 굵은 선으로 구분해 나타냅니다. 두 번째로 전구의 기호는 전구의 필라멘트와 유리로 감싸져 있는 모양을 형상화해 나타냅니다. 세 번째로 저항의 기호는 스프링 모양의 니크롬선 저항을 형상화해 뾰족한 모양으로 나타내며, 이 기호는 니크롬선 저항이 아닌 다른 종류의 저항을 나타낼 때도 공통적으로 사용합니다. 그리고 전류계는 회로에 흐르는 전류를 측정하기 위해, 전압계는 회로에 걸린 전압을 측정하기 위해 회로 중간에 연결하는 장치로, 각각 전류와 전압의 단위인 A와 V를 이용해 기호로 나타냅니다.

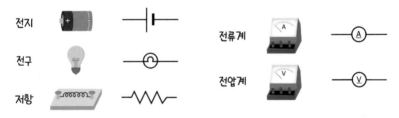

▲ 그림 7-11 전지, 전구, 저항, 전류계, 전압계의 기호

전구, 도선, 전지가 연결된 간단한 전기 회로를 그림 7-12와 같이 기호를 이용해 회로도로 나타낼 수 있습니다.

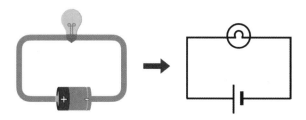

▲ 그림 7-12 전지, 전구, 전선이 연결된 간단한 전기 회로의 회로도

+ 더 알아보기

전기의 발견

맨 처음 전기 현상을 발견한 사람은 대학교에서 해부학을 가르치던 갈바니 (Galvani) 교수입니다. 갈바니는 어느 날 죽은 개구리를 해부하다가 칼이 개구리 다리에 닿자 다리가 움찔하는 것을 목격했는데, 이 현상을 보고 과학적인 발상을 하게 됩니다. 생물체의 몸은 전기 신호를 받으면 움직이니까 이 현상은 '전기'와 관련이 있다고 생각한 것입니다. 갈바니는 개구리의 몸에서 전기가 만들어졌다고 생각했는데, 5년 뒤 과학자 볼타(Volta)가 이 현상에 대해 연구하다가 금속 재질의 해부칼에서 만들어진 전기가 개구리 몸속의 수분을 통해 흐른 것이라고 결론을 내립니다. 이를 통해 전기가 흐를 수 있다는 것을 주장하면서 전류의 개념이 최초로 등장하였습니다.

▲ 그림 7-13 갈바니와 볼타

배운 내용 체크하기

✔️ 전지, 전선(도선), 전구 등을 연결한 것을 ⓩⓖⓗⓡ라고 한다.

✔️ 전기 회로에서 전류를 흐르게 하는 전지의 능력을 ⓩⓞ이라고 하며, 전압의 단위는 V(볼트)이다.

✔️ 전기 회로에서 전하의 흐름을 ⓩⓡ라고 하며, 전류의 세기를 나타내는 단위는 A(암페어)이다.

✔️ 전기 회로에서 전자의 이동을 방해하는 정도를 ⓩⓗ이라고 하며, 저항의 크기를 나타내는 단위는 Ω(옴)이다.

✔️ 전기 회로에서 전자는 전지의 (−)극에서 나와 (+)극을 향해 이동하지만, 전류의 방향은 전지의 (+)극에서 (−)극으로 흐른다고 정해 사용하고 있다.

8장

옴의 법칙

QR 코드를 스캔하면 유튜브 강의 영상을 볼 수 있어요!

연계 교과 : 중2 과학 II . 전기와 자기

전압과 전류의 관계

7장에서 살펴본 것과 같이 전지는 전기 회로에서 전자가 한 방향으로 이동하도록 해 전류를 흐르게 합니다. 전류를 흐르게 하는 전지의 능력을 전압이라고 하며, 전지의 전압이 커질수록 전류의 세기도 증가합니다. 즉, 전압과 전류는 비례하는 관계이며, 이 관계를 그림 8-1과 같은 간단한 실험으로 확인할 수 있습니다.

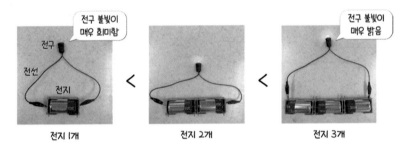

▲ 그림 8-1 전지의 개수가 많아질수록 전구의 밝기가 밝아진다.

그림 8-1은 전지, 전구, 전선을 연결해 간단한 전기 회로를 만든 후, 다른 조건은 모두 동일하게 유지한 채 전지의 개수만 1개, 2개, 3개로 늘리면서 전구의 밝기를 비교한 것입니다. 전지의 개수가 많아질수록 전압이 증가하는데, 만약 전지 1개의 전압이 1.5V라고 한다면 전지 2개를 연결했을 때의 전압은 1.5V의 2배인 3V가 되고, 전지 3개를 연결했을 때의 전압은 1.5V의 3배인 4.5V가 됩니다.

그림 8-1에서 전지의 개수가 1개, 2개, 3개로 많아질수록, 즉 전압이 커질수록 전구의 밝기가 밝아지는 것을 관찰할 수 있습니다. 이때 전구의

밝기는 곧 전류의 세기를 나타냅니다.

전류는 1초 동안 도선의 한 단면적을 지나는 전하의 양입니다. 같은 시간 동안 전구를 지나는 전하의 양이 많을수록, 즉 전류가 셀수록 전구는 더 밝게 빛납니다. 따라서 전지의 개수가 늘어날수록 전구의 밝기가 밝아지는 실험 결과를 통해 전압이 커질수록 전류의 세기가 커진다는 것을 알 수 있습니다. 물론 전류의 세기를 전류계를 이용해서 정확하게 측정할 수도 있지만, 이와 같이 전구를 이용해서 쉽게 비교할 수 있답니다.

저항과 전류의 관계

저항은 전류의 흐름을 방해하는 정도를 의미하므로 저항의 크기가 커질수록 전류의 세기는 작아집니다. 즉, 저항과 전류는 반비례하는 관계이며, 이 관계를 그림 8-2와 같이 간단한 실험으로 확인할 수 있습니다.

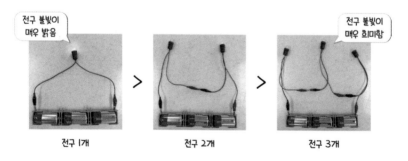

▲ 그림 8-2 전구의 개수가 많아질수록 전구의 밝기가 어두워진다.

그림 8-2는 전지의 개수는 동일하게 유지한 채 전구의 개수를 1개, 2개,

3개로 늘렸을 때 전구 하나의 밝기를 비교한 실험입니다. 전기 회로에서 그림 8-2와 같은 방법으로 전구의 개수를 늘리면 회로 전체의 저항의 크기가 증가합니다. 만약 전구 1개의 저항 값이 1Ω이라고 한다면, 전구 2개, 3개를 이어서 연결했을 때의 저항 값은 각각 전구 1개 저항 값의 2배, 3배인 2Ω, 3Ω이 됩니다. 위 실험에서 전구의 개수가 많아질수록 전구의 밝기가 어두워지는 것을 볼 수 있는데, 전구의 밝기는 곧 전류의 세기를 의미하므로, 이 결과를 통해 저항의 크기가 커질수록 전류의 세기는 작아짐을 알 수 있습니다.

옴의 법칙

전압이 증가하면 전류도 증가하며, 저항이 증가하면 전류는 감소합니다. 즉, 전류는 전압에 비례하고, 저항에 반비례하는 관계입니다. 이를 이용해 '옴(Ohm)'이라는 과학자가 전류, 전압, 저항의 관계를 그림 8-3과 같이 식으로 정리했는데, 이 식을 **옴의 법칙**이라고 합니다.

$$전류 = \frac{전압}{저항}$$

▲ **그림 8-3** 전류, 전압, 저항의 관계를 정리한 옴의 법칙

옴의 법칙을 이용하면 어떤 회로의 전류를 직접 측정하지 않아도 계산을 통해 알아낼 수 있습니다. 예를 들어 그림 8-4와 같이 전압이 6V인 전지

와 저항의 크기가 2Ω인 전구를 연결하여 전기 회로를 만든다면, 이 회로에 흐르는 전류의 세기는 몇 A일까요? 그림 8-4의 오른쪽 그림과 같이 옴의 법칙에 전압과 저항 값을 대입하면 전류는 3A가 됩니다. 즉, 전압이 6V인 전지와 저항 값이 2Ω인 전구를 연결한 회로에는 3A의 전류가 흐른다는 것을 의미합니다.

회로에 흐르는 전류의 세기를 전류계로 측정할 수도 있지만, 회로에 연결된 전압과 저항 값을 안다면 전류를 직접 측정하지 않고 이와 같은 계산을 통해 전류를 알아낼 수 있습니다.

▲ 그림 8-4 옴의 법칙을 이용해 회로의 전류를 계산할 수 있다.

만약 저항의 크기가 2Ω인 전구를 연결한 그림 8-5와 같은 전기 회로에 3A의 전류가 흐른다면 전지의 전압은 몇 V일까요?

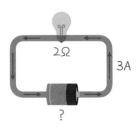

▲ 그림 8-5 저항과 전류 값이 주어진 어떤 전기 회로

이런 경우에 그림 8-6과 같이 옴의 법칙을 전압에 대한 식으로 간단히 변형한 후, 전류와 저항 값을 대입하면 전압을 계산할 수 있습니다. 전류에 3A와 저항에 2Ω을 대입하면 전압은 6V가 되는데, 저항 값이 2Ω인 전구를 연결한 회로에 3A의 전류가 흐른다면 사용한 전지의 전압은 6V라는 의미가 됩니다. 이때 전압은 '걸어준다'는 표현을 사용하는데, 저항 값이 2Ω인 전구를 연결한 회로에 6V의 전압을 걸어주면 3A의 전류가 흐른다고 표현할 수 있습니다. 이와 같이 옴의 법칙을 이용하면 회로의 저항과 전류 값이 주어질 때, 회로에 걸어준 전압의 크기를 계산할 수 있습니다.

$$전류 = \frac{전압}{저항} \xrightarrow{\text{양변에 저항을 곱한다}} 전압 = 전류 \times 저항 \qquad 전압 = 3A \times 2Ω = 6V$$

▲ 그림 8-6 옴의 법칙을 이용해 전압을 계산할 수 있다.

그림 8-7과 같이 전압의 크기가 6V인 전지와 저항의 크기를 모르는 전구를 연결한 전기 회로에 3A의 전류가 흐른다면, 저항의 크기는 몇 Ω일까요?

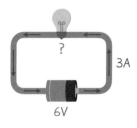

▲ 그림 8-7 전압과 전류 값이 주어진 어떤 전기 회로

이 경우에도 그림 8-8과 같이 옴의 법칙을 저항에 대한 식으로 변형한
후, 전압과 전류 값을 대입해 저항을 계산할 수 있습니다. 전압이 6V이고 전
류가 3A라면 이 회로에 연결된 전구의 저항 값은 2Ω임을 알 수 있습니다.

▲ **그림 8-8** 옴의 법칙을 이용해 저항을 계산할 수 있다.

이처럼 전기 회로에서 주어진 조건에 따라 옴의 법칙을 그림 8-9와 같이
변형해 전압 또는 저항의 크기를 구하는 형태로도 사용할 수 있습니다.

▲ **그림 8-9** 옴의 법칙은 다양하게 변형할 수 있다.

배운 내용 체크하기

✔ 전류는 ㅈㅇ에 비례하고, ㅈㅎ에 반비례한다.

✔ 전류, 전압, 저항의 관계를 식으로 정리한 것을 ㅇㅇ ㅂㅊ이라고 한다.

✔ 옴의 법칙을 이용하면 전기 회로의 ㅈㄹ, ㅈㅇ, ㅈㅎ을 계산할 수 있다.

1. 전압 2. 저항 3. 옴의 법칙 4. 전류 5. 전압 6. 저항

9장

저항의 연결

QR 코드를 스캔하면 유튜브 강의 영상을 볼 수 있어요!

연계 교과 : 중2 과학Ⅱ. 전기와 자기

직렬연결과 병렬연결

저항을 연결하는 방식에는 직렬연결과 병렬연결이 있습니다. 먼저 **직렬
연결**은 그림 9-1과 같이 연결하는 방식인데, 노란색 화살표로 표시한 것
처럼 저항과 저항이 직접 연결된 것이 특징입니다. 그림 8-2에서 살펴보
았듯이 전구를 직렬로 연결하면서 개수를 늘리면 전구의 밝기가 점점 어
두워집니다.

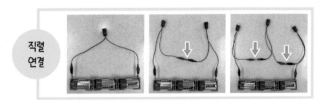

▲ 그림 9-1 직렬로 연결된 전구의 개수가 늘어날수록 전구의 밝기가 점점 어두워진다.

병렬연결은 그림 9-2와 같이 연결하는 방식인데, 화살표로 표시한 것처
럼 저항과 저항이 각각 전지에 연결되어 있는 것이 특징입니다. 전구를
병렬로 연결할 때는 전구의 개수를 늘려도 전구의 밝기가 어두워지지 않
으며, 전구를 1개만 연결했을 때와 밝기가 동일합니다.

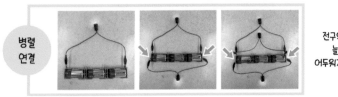

▲ 그림 9-2 병렬로 연결된 전구의 개수가 늘어나도 전구의 밝기는 어두워지지 않는다.

전구를 병렬로 연결할 때는 전구의 밝기가 어두워지지 않는 이유가 무엇일까요? 직렬연결과 병렬연결을 비교하기 위해 간단한 회로도로 표현해 봅시다.

그림 9-3은 전구 2개를 직렬연결한 것과 병렬연결한 것을 회로도로 표현한 것입니다. 직렬연결에서는 2개의 전구가 나란히 연결된 것으로 회로도를 비교적 간단히 표현할 수 있습니다. 병렬연결에서는 2개의 전구가 전지에 각각 연결되어 있으므로 마치 위아래로 2개의 회로도를 합쳐 놓은 것과 같이 표현할 수 있습니다.

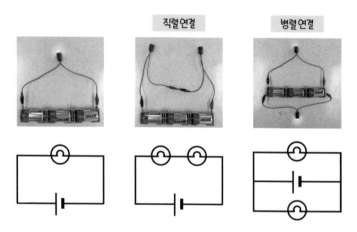

▲ 그림 9-3 직렬연결과 병렬연결의 회로도. 전지가 3개이므로 전지의 기호를 3개 표현해야 하지만 편의상 전지의 기호를 1개만 나타냈다.

전기 회로에서 전구는 전류의 흐름을 방해하는 요소이며, 7장에서는 이를 저항이라고 표현했습니다. 도선을 따라 흐르는 전류를 그림 9-4와 같이 도로를 따라 달리는 자동차에 비유한다면, 전구는 도로 위의 속도 제한 표지판과 같이 자동차들의 속도를 일시적으로 감소시키는 역할에 비유할 수 있습니다.

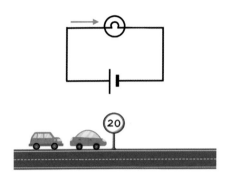

▲ 그림 9-4 도로를 달리는 자동차를 전류에 비유한다면, 전구는 속도 제한 표지판에 비유할 수 있다.

전구 2개를 직렬로 연결한 것은 그림 9-5의 왼쪽 그림과 같이 같이 속도 제한 표지판 2개가 나란히 있는 것과 같습니다. 자동차가 달릴 때 속도 제한 표지판을 1개만 지날 때보다 2개를 지날 때 방해를 더 많이 받고 전체적인 속도가 느려집니다. 마찬가지로 직렬로 연결된 전구의 개수가 늘어날수록 전류의 흐름은 더 많이 방해를 받습니다. 방해를 받을수록 전류의 세기가 약해지므로 전구의 밝기가 어두워지는 것입니다.

또한, 전구 2개를 직렬로 연결할 때, 한 전구의 연결을 끊으면 다른 전구의 불도 꺼지는 특징이 있습니다. 왜냐하면 직렬연결에서는 전류가 흐를 수 있는 길이 하나이므로, 한 전구의 연결이 끊어지는 것은 마치 그림 9-5의 오른쪽 그림과 같이 앞의 표지판을 지나는 길이 막혀 뒤의 표지판도 지날 수 없게 되는 것과 같기 때문입니다.

따라서 전구가 직렬로 연결될 때 전구 하나의 연결이 끊어지면, 회로 전체에 전류가 흐를 수 없게 되어 모든 전구에 전류가 흐르지 못하게 됩니다.

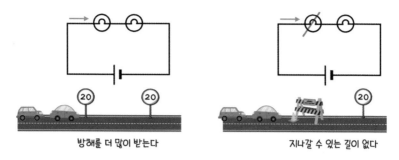

방해를 더 많이 받는다　　　　지나갈 수 있는 길이 없다

▲ 그림 9-5 전구 2개를 직렬로 연결할 때의 특징

저항을 직렬로 연결할 때의 특징을 정리하면, 직렬로 연결한 저항의 개수가 늘어날수록 회로 전체에 흐르는 전류의 세기는 감소합니다. 또한, 저항 하나의 연결이 끊어지면 다른 저항에도 전류가 흐를 수 없게 됩니다.

같은 방법으로 전구 2개를 병렬로 연결한 회로를 도로에 비유한다면 그림 9-6의 왼쪽 그림과 같이 나타낼 수 있습니다. 전구 2개가 병렬로 연결되는 것은 마치 두 갈래 길이 생기는 것과 같습니다. 속도 제한 표지판이 2개로 늘어난다고 하더라도, 두 갈래 길이 되므로 자동차들이 나뉘어 지나갈 수 있어서 자동차들의 흐름이 오히려 이전보다 원활해집니다.

마치 100대의 자동차가 1개의 길을 지나가다가, 50대씩 나뉘어 두 갈래 길을 지나갈 수 있게 된 것과 같습니다. 이 경우 병렬로 연결된 전구의 개수가 늘어나더라도 그림 9-2와 같이 전구가 1개만 연결되었을 때의 밝기와 동일합니다. 표지판이 2개로 늘어나더라도 자동차 1대의 입장에서는 여전히 1개의 표지판만 지나가면 되는 것처럼요.

또한 전구 2개를 병렬로 연결할 때는 한 전구의 연결이 끊어져도 다른 전구의 불은 꺼지지 않는다는 특징이 있습니다. 그 이유는 그림 9-6의 오른쪽 그림과 하나의 길이 막혀도 다른 길로 지나갈 수 있기 때문입니다.

즉, 전구가 병렬로 연결될 때는 전구 하나의 연결이 끊어져도, 여전히 다른 전구에는 전류가 흐를 수 있습니다.

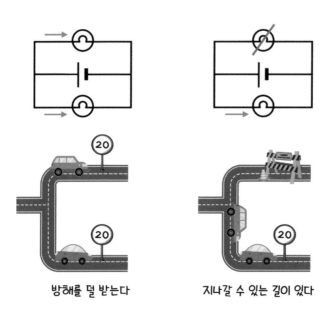

방해를 덜 받는다   **지나갈 수 있는 길이 있다**

▲ 그림 9-6 전구 2개를 병렬로 연결할 때의 특징

저항을 병렬로 연결할 때의 특징을 정리하면, 병렬로 연결한 저항의 개수가 늘어날수록 회로 전체에 흐르는 전류의 세기는 오히려 증가합니다. 또한, 저항 하나의 연결이 끊어져도 다른 저항에 전류가 흐를 수 있습니다.

일상생활에서 저항의 연결

일상생활에서 저항을 직렬로 연결해 사용하는 대표적인 예로는 '퓨즈'가 있습니다. 퓨즈는 전류가 과하게 흐르면 스스로 녹아내리며 끊어지는 특징이 있습니다. 집이나 건물 내의 전기 회로에 퓨즈를 직렬로 연결하면, 회로에 과도한 전기가 흐를 때 퓨즈가 끊어지면서 회로 전체의 전류가 차단되어 전기 기구들을 보호할 수 있습니다.

◀ 그림 9-7 퓨즈는 직렬연결의 대표적인 예이다.

그런데 만약 집에서 TV의 연결이 끊어졌는데, 집 안의 모든 전류가 차단된다면 곤란한 상황이 발생하겠죠? 따라서 가정이나 학교 등에서 사용하는 대부분의 전기 배선은 병렬로 연결되어 있답니다. 일상생활에서 저항을 병렬로 연결해 사용하는 대표적인 예로 '멀티탭'이 있습니다. 멀티탭에 전기 기구들을 꽂으면 각 기구들이 병렬로 연결되어 각각 켜거나 끌 수 있습니다. 또한, 전기 기구들을 병렬로 연결하면 각 전기 기구에 동일한 전압을 공급할 수 있어서, 콘센트에 걸리는 220V의 전압을 멀티탭에 연결된 모든 전기 기구에 동일하게 공급할 수 있습니다.

◀ 그림 9-8 멀티탭은 병렬연결의 대표적인 예이다.

직렬연결과 병렬연결에서 전류와 전압 비교

저항을 직렬로 연결한 회로에서는 전류가 흐를 수 있는 길이 하나입니다. 따라서 모든 저항에 흐르는 전류의 세기는 같지만, 각 저항에 걸리는 전압의 크기는 다릅니다.

예를 들어 그림 9-9와 같이 저항이 2Ω, 3Ω인 저항을 직렬로 연결한 회로에 5A의 전류가 흐른다면, 저항의 크기에 관계없이 모든 저항에 5A의 전류가 흐릅니다. 하지만 각 저항에 걸리는 전압의 크기를 계산해 보면, 옴의 법칙에 따라 전압은 전류와 저항 값을 곱한 것과 같으므로, 2Ω의 저항에는 10V(=5A × 2Ω)의 전압이 걸리고, 3Ω의 저항에는 15V(=5A × 3Ω)의 전압이 걸립니다. 이때 회로 전체에 걸어준 전압은 두 저항에 걸린 전압의 합과 같습니다.

따라서 이 경우에는 회로 전체에 25V의 전압을 걸어 2Ω과 3Ω의 저항에 각각 10V, 15V의 전압이 나뉘어 공급된 것과 같습니다.

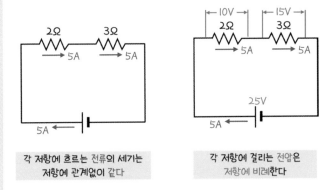

각 저항에 흐르는 전류의 세기는 저항에 관계없이 같다

각 저항에 걸리는 전압은 저항에 비례한다

▲ 그림 9-9 저항을 직렬로 연결할 때 전류와 전압 비교

반면에 그림 9-10과 같이 두 저항을 병렬로 연결한 회로에서는 전류가 흐르는 길이 두 갈래이므로 전류가 두 저항에 나뉘어 흐릅니다. 이때 전류는 저항에 반비례하므로, 저항의 크기에 따라 전류가 나뉘는 비율이 달라집니다.

예를 들어 저항이 2Ω, 3Ω인 저항을 병렬로 연결한 회로에 5A의 전류가 흐른다면, 저항의 비율이 2:3이므로, 전류는 3:2의 비율로 나뉘어 흐릅니다. 따라서 회로 전체에 5A의 전류가 흐르다가 각 저항이 있는 도선으로 갈라질 때 잠시 나뉘는데, 각 저항에 반비례해 2Ω의 저항에는 3A의 전류가, 3Ω의 저항에는 2A의 전류가 흐릅니다. 이때 각 저항에 걸리는 전압을 계산해보면, 2Ω의 저항에는 6V(=2Ω × 3A)의 전압이, 3Ω의 저항에도 6V(=3Ω × 2A)의 전압이 걸립니다.

이처럼 저항을 병렬로 연결할 때는 각 저항에 흐르는 전류의 세기는 다르지만, 각 저항에 동일한 크기의 전압이 공급됨을 알 수 있습니다.

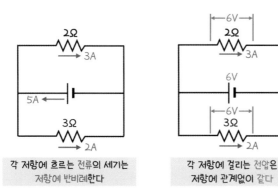

▲ 그림 9-10 저항을 병렬로 연결할 때 전류와 전압 비교

✔️ ㉈㉑로 연결된 저항의 개수가 늘어날수록 회로 전체의 전류의 세기가 ㉠㉅한다.

✔️ 직렬로 연결된 저항 하나의 연결이 끊어지면, 회로 전체에 전류가 흐를 수 [있다, 없다].

✔️ ㉫㉑로 연결된 저항의 개수가 늘어날수록 회로 전체의 전류의 세기는 ㉈㉠한다.

✔️ 병렬로 연결된 저항 하나의 연결이 끊어져도 다른 저항에는 전류가 흐를 수 [있다, 없다].

✔️ 일상생활에서 저항의 ㉈㉑ 연결을 이용하는 예시에는 퓨즈가 있고, ㉫㉑ 연결을 이용하는 예시에는 멀티탭이 있다.

정답

1. 직렬 2.감소 3. 없다 4.병렬 5.증가 6. 있다 7. 직렬 8. 병렬

10장

전자력

QR 코드를 스캔하면 유튜브 강의 영상을 볼 수 있어요!

연계 교과 : 중2 과학II. 전기와 자기

자석이 만드는 자기장

자석은 N극과 S극으로 이루어져 있으며, 같은 극 사이에는 밀어내는 힘이, 다른 극 사이에는 당기는 힘이 작용합니다. 또한 자석은 못이나 나사와 같이 철로 이루어진 물체를 끌어당기기도 합니다.

이렇게 **자석이 가지고 있는 끌어당기거나 밀어내는 힘**을 **자기력**이라고 하며, **자기력이 미치는 자석 주위의 영역**을 **자기장**magnetic field이라고 합니다.

자석 주위에는 일정한 방향으로 자기장이 형성되는데, 자석 주위에 나침반을 놓으면 자기장의 방향을 확인할 수 있습니다.

그림 10-1의 왼쪽 그림과 같이 평소에는 나침반의 바늘이 북쪽을 향하고 있지만, 자석을 놓으면 나침반의 바늘이 그림 10-1의 오른쪽 그림과 같이 향합니다. 자석 주위에 나침반을 놓았을 때 나침반의 바늘이 가리키는 방향이 곧 자석 주위에 형성되는 자기장의 방향입니다. 이처럼 나침반을 이용해 눈에 보이지 않는 자기장을 확인할 수 있습니다.

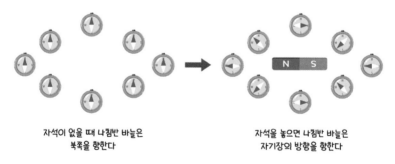

자석이 없을 때 나침반 바늘은
북쪽을 향한다

자석을 놓으면 나침반 바늘은
자기장의 방향을 향한다

▲ 그림 10-1 나침반의 바늘(빨간색)은 자석 주위에 형성된 자기장의 방향을 나타낸다.

자석 주위에 놓인 나침반의 바늘이 향하는 방향을 보면 N극 주위에서는 자석에서 뻗어나가는 방향이며, S극 주위에서는 자석을 향해 들어가는 방향입니다. 나침반의 개수를 더 많이 늘려서 나침반의 바늘이 가리키는 방향을 모두 선으로 연결하면 그림 10-2와 같이 됩니다.

이렇게 **자석 주위에 형성된 자기장을 시각적으로 나타낸 것**을 **자기력선**이라고 하며, 자기력선은 곧 자기장의 모양과 방향을 나타냅니다.

그림 10-2를 보면 막대 자석 주위에 형성된 자기장의 방향이 N극에서 뻗어 나가 S극으로 들어가는 것을 알 수 있습니다. 이처럼 자석 주위에는 자기장이 형성되며, 자기장의 방향은 자석의 N극에서 S극으로 향합니다.

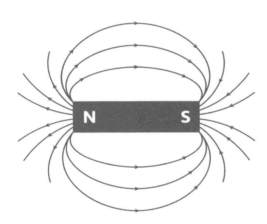

▲ 그림 10-2 막대 자석 주위에 형성되는 자기장

전류가 만드는 자기장

앞에서 전기에 대한 내용을 다루다가 왜 10장부터 갑자기 자석 이야기를 할까요? 그 이유는 전기의 성질과 자석의 성질이 서로 연관되어 있기 때문입니다.

19세기 전까지만 해도 전기와 자석은 서로 관련이 없다고 여겨졌는데, 1820년에 외르스테드(Ørsted)라는 과학자가 우연히 전류가 흐르는 도선 주위에서 나침반의 바늘이 움직인 것을 관찰함으로써 전기와 자석 사이에 연관이 있음을 연구하기 시작했습니다. 그림 10-3과 같이 도선을 원형으로 꼬아놓은 것을 '코일' 또는 '솔레노이드'라고 하는데, 전류가 흐르는 솔레노이드 주변에 나침반을 놓으면 마치 그림 10-1의 막대 자석을 놓은 것처럼 나침반의 바늘이 움직입니다. 나침반의 바늘은 자기장의 방향을 나타내므로, 전류가 흐르는 솔레노이드 주위에 마치 자석처럼 자기장이 형성됨을 알 수 있습니다.

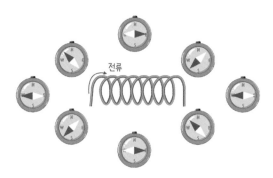

▲ **그림 10-3** 전류가 흐르는 솔레노이드 주위에도 자기장이 형성된다.

전자력

그림 10-4와 같이 자석 주위에도 자기장이 형성되고, 전류가 흐르는 도선 주위에도 자기장이 형성됩니다. 그렇다면 자석의 자기장과 전류의 자기장이 만나면 어떻게 될까요? 전류가 흐르는 도선을 자석 근처에 놓으면, **전류와 자기장이 만나 새로운 힘이 형성**되는데, 이 힘을 **전자력**이라고 합니다.

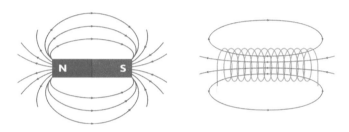

▲ **그림 10-4** 막대 자석(왼쪽)과 전류가 흐르는 솔레노이드(오른쪽)에 의해 형성되는 자기장

전류와 자기장이 만나 형성되는 전자력은 그림 10-5와 같은 실험 장치를 이용해 확인할 수 있습니다. 먼저 전원 장치에 스위치와 전선을 연결해 회로를 만들고, 알루미늄 포일을 얇게 잘라 전선 중간에 이어줍니다. 전원 장치는 전압을 걸어주어 전류가 흐르게 하는 장치이며, 특별히 스위치를 회로에 연결하면 스위치를 누를 때만 전류가 흐르게 됩니다. 알루미늄 포일은 금속 재질이므로 전선 사이에 연결해도 포일을 통해 전류가 흐를 수 있습니다. 이때 포일 위에 말굽 자석 3개를 세워놓으면 포일 속에 전류가 흐르면서 말굽 자석에 의한 자기장의 영향을 받게 됩니다.

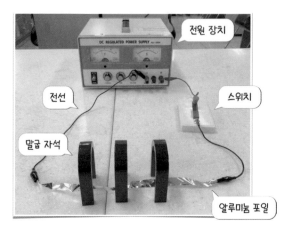

▲ 그림 10-5 전자력을 확인하기 위한 실험 장치

알루미늄 포일 위에 말굽 자석을 놓고 스위치를 누르지 않으면 전류가 흐르지 않으므로 그림 10-6의 왼쪽 그림과 같이 알루미늄 포일에는 아무 변화가 없습니다. 그런데 스위치를 눌러 전류가 흐르면 알루미늄 포일 속에 흐르는 전류와 말굽 자석의 자기장이 만나 전자력이 발생합니다. 그리고 이 힘에 의해 알루미늄 포일이 위쪽으로 올라가는 것을 볼 수 있습니다. 이 경우 전자력이 위쪽 방향으로 작용해 알루미늄 포일을 들어올린 것입니다.

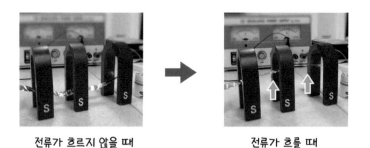

전류가 흐르지 않을 때　　　　　**전류가 흐를 때**

▲ 그림 10-6 전자력이 위쪽 방향으로 작용할 때

말굽 자석의 방향을 바꿔 스위치를 누르면 이번에는 알루미늄 포일이 그림 10-7의 오른쪽 그림과 같이 아래쪽으로 내려가게 됩니다. 이 경우에도 알루미늄 포일 속에 흐르는 전류와 말굽 자석의 자기장이 만나 전자력이 발생한 것인데, 이번에는 전자력이 아래쪽 방향으로 작용해 알루미늄 포일을 누른 것입니다.

전류가 흐르지 않을 때   **전류가 흐를 때**

▲ 그림 10-7 전자력이 아래쪽 방향으로 작용할 때

위의 실험에서 살펴본 것처럼 전류와 자기장이 만나면 전자력이라는 힘이 발생하는데, 전자력은 특정한 방향으로 작용합니다.

전자력이 작용하는 방향은 오른손을 이용해서 쉽게 찾을 수 있습니다. 그림 10-8과 같이 엄지 손가락과 나머지 손가락을 직각으로 만든 후, 엄지 손가락을 전류의 방향으로 두고, 나머지 손가락을 자기장의 방향으로 두었을 때, 손바닥이 바라보는 방향이 전자력의 방향이 됩니다.

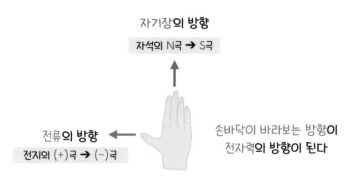

자기장의 방향

자석의 N극 → S극

전류의 방향

전지의 (+)극 → (−)극

손바닥이 바라보는 방향이
전자력의 방향이 된다

▲ 그림 10-8 오른손을 이용해 전자력의 방향을 찾는 방법

그럼 그림 10-6과 그림 10-7에서 전자력이 작용한 방향을 오른손을 이용해 찾아볼까요? 두 경우 모두 그림 10-9와 같이 알루미늄 포일과 말굽 자석이 만나는 부분에서 전자력이 발생하는데 모두 알루미늄 포일의 왼쪽은 전원 장치의 (−)극에, 오른쪽은 (+)극에 연결되어 있습니다.

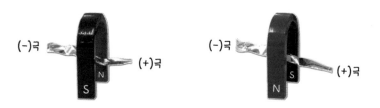

(−)극

(+)극

(−)극

(+)극

▲ 그림 10-9 말굽 자석 사이에 전류가 흐르는 알루미늄 포일을 놓은 모습

전류의 방향은 전지의 (+)극에서 (−)극으로 흐르는 방향이므로, 두 경우 모두 전류의 방향은 오른쪽에서 왼쪽으로 흐릅니다. 자기장의 방향은 자석의 N극에서 S극으로 향하는 방향이므로, 말굽 자석에서 자기장의 방향은 그림 10-10과 같이 나타낼 수 있습니다. 말굽 자석의 S극을 앞으로 향하게 둔 경우에는 자기장의 방향이 뒤에서 앞으로 나오는 방향이며, 말굽

자석의 N극을 앞으로 향하게 둔 경우에는 자기장의 방향이 앞에서 뒤로 들어가는 방향이 됩니다.

▲ 그림 10-10 말굽 자석에서 형성되는 자기장의 방향

전류와 자기장의 방향을 찾았으니 오른손을 이용해 전자력의 방향을 찾아봅시다. 전류는 오른쪽에서 왼쪽으로 흐르므로 그림 10-11과 같이 엄지 손가락을 왼쪽을 향하게 둡니다. 말굽 자석의 S극이 앞에 있는 경우 자기장의 방향은 뒤에서 앞으로 나오는 방향이므로, 엄지를 제외한 나머지 손가락을 자기장의 방향대로 두면 손바닥이 위쪽을 바라보게 됩니다. 손바닥은 전자력의 방향을 의미하므로 이 경우 전자력이 위쪽 방향으로 작용해 알루미늄 포일을 위로 들어올립니다.

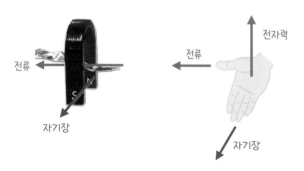

▲ 그림 10-11 손바닥이 위쪽을 향하므로 전자력은 위쪽으로 작용한다.

말굽 자석의 N극이 앞에 있는 경우에는 그림 10-12와 같이 자기장의 방향이 앞에서 뒤로 들어가는 방향이므로, 엄지 손가락의 방향은 그대로 둔 채 나머지 손가락을 자기장의 방향대로 둡니다.

이번에는 손바닥이 아래쪽을 바라보게 되므로, 전자력이 아래쪽 방향으로 작용해 알루미늄 포일을 아래로 누릅니다. 이렇게 자기장의 방향이 바뀌거나 또는 전류의 방향이 바뀌면 전자력의 방향도 변하므로, 상황에 맞게 오른손을 이용해 전류와 자기장에 의해 형성되는 전자력의 방향을 찾아야 합니다.

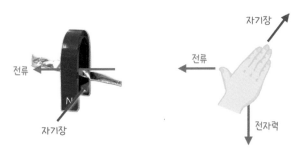

▲ 그림 10-12 손바닥이 아래쪽을 향하므로 전자력은 아래쪽으로 작용한다.

+ 더 알아보기

전류, 자기장, 전자력의 방향을 좌표축으로 표현하기

수학적으로 3차원의 입체적인 공간을 나타내기 위해서 x축, y축, z축의 세 가지 축을 사용합니다. 세 가지 축은 서로 수직인데, 전류와 자기장, 전자력의 방향도 서로 수직입니다. 따라서 전류, 자기장, 전자력의 방향을 x축, y축, z축을 이용해 표현할 수 있습니다.

그림 10-11과 그림 10-12의 전류, 자기장, 전자력의 방향을 축으로 나타내면 그림 10-13과 같이 됩니다. 전류는 x축을 따라 왼쪽을 향하며, 자기장은 y축을 따라 앞쪽 또는 뒤쪽으로 향합니다. 전류와 자기장의 상호 작용에 의해 형성되는 전자력은 z축을 따라 위쪽 또는 아래쪽을 향하게 됩니다.

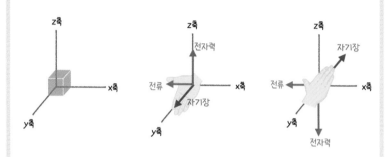

▲ 그림 10-13 전류, 자기장, 전자력의 방향을 좌표로 표현

배운 내용 체크하기

✔ 자석 주위에는 ㅈㄱㅈ이 형성되는데, 전류가 흐르는 도선 주위에
도 자석과 같이 자기장이 형성된다.

✔ 전류가 흐르는 도선 주위에 자석을 놓으면, 전류와 자기장의 상호작
용으로 ㅈㅈㄹ이라는 힘이 발생한다.

✔ 전자력이 작용하는 방향은 (왼손, 오른손)을 이용해 찾을 수 있다.

정답

1. 자기장 2 전자력 3. 오른손

11장

전동기

QR 코드를 스캔하면 유튜브 강의 영상을 볼 수 있어요!

연계 교과 : 중2 과학 II. 전기와 자기

전동기의 원리

그림 11-1의 세탁기, 선풍기, 전동 드릴은 한 가지 공통점이 있습니다. 바로 '전동기'의 회전을 이용한 전기 기구라는 점입니다. 전동기는 흔히 모터motor라고도 하며, 전기를 공급하면 빠르게 회전하는 장치입니다. 10장에서는 전류와 자기장이 만나서 생기는 전자력에 대해 살펴보았는데, 전동기가 회전하는 원리가 바로 전자력을 이용한 것입니다.

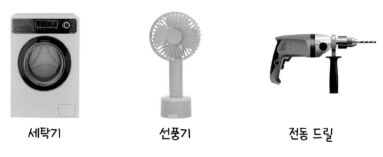

|세탁기|선풍기|전동 드릴|

▲ 그림 11-1 세탁기, 선풍기, 전동 드릴은 전동기의 회전을 이용한 것이다.

전동기의 기본적인 구조는 그림 11-2와 같이 자석 사이에 회전할 수 있는 고리 모양의 도선이 놓인 구조입니다. 도선을 고리 모양으로 감은 것을 '코일'이라고 하는데, 이 코일에 전류가 흐르면 자기장의 영향을 받아 전자력이 발생합니다. 이때 코일의 한 쪽에서는 전자력이 위쪽 방향으로 작용하고, 다른 쪽에서는 아래쪽 방향으로 작용해 코일이 빙글빙글 회전하게 됩니다.

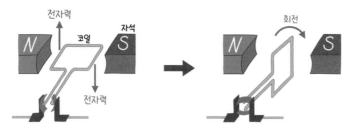

▲ 그림 11-2 전동기의 기본적인 구조

코일의 양쪽에서 서로 반대 방향으로 전자력이 작용해 코일이 회전하는 과정을 단계별로 자세히 살펴봅시다. 먼저 그림 11-3과 같이 코일의 한 쪽을 A, 다른 쪽을 B라고 할 때, 도선의 오른쪽에서 전류가 흐른다면 A와 B에서 전류가 흐르는 방향은 그림 11-3의 빨간색 화살표로 표시한 것과 같습니다. 이때 자기장의 방향은 N극에서 S극으로 향하는 방향으로, 파란색 화살표로 표시한 것과 같습니다.

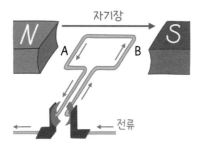

▲ 그림 11-3 1단계 - 전동기에서 전류의 방향과 자기장의 방향 표시하기

A와 B에서 전류의 방향은 서로 반대지만 자기장의 방향은 같으므로, A와 B에서의 전류와 자기장의 방향을 그림 11-4의 왼쪽 그림과 같이 표시할 수 있습니다. 이때 각 위치에서 작용하는 전자력의 방향을 오른손을 이용

해 찾아봅시다. 먼저 A에서 엄지 손가락을 전류의 방향으로, 나머지 손가락을 자기장의 방향으로 놓으면 손바닥이 위를 향하므로, A에서는 전자력이 위쪽 방향으로 작용합니다. 다음으로 B에서는 엄지 손가락을 전류의 방향으로, 나머지 손가락을 자기장의 방향으로 놓으면 손바닥이 아래를 향하므로, B에서는 전자력이 아래쪽 방향으로 작용합니다.

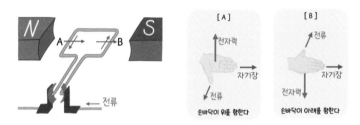

▲ 그림 11-4 2단계 - 오른손을 이용해 전자력의 방향 찾기

A에서는 전자력이 위쪽 방향으로 작용하고, B에서는 아래쪽 방향으로 작용하면, 그림 11-5와 같이 A는 올라가고 B는 내려가므로 코일이 시계 방향으로 회전합니다. 이러한 과정을 통해 전동기 속 코일에 전류가 흐르면 코일 양쪽에 서로 반대 방향으로 전자력이 작용해 코일이 회전합니다.

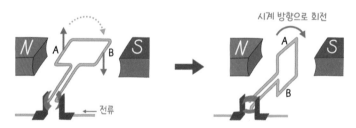

▲ 그림 11-5 3단계 - 전자력의 방향으로 코일의 회전 방향 찾기

전동기의 회전 방향 찾기

전류의 방향이 변하거나 자기장의 방향이 변하면 전자력이 작용하는 방향이 달라지므로 전동기의 회전 방향도 달라집니다. 만약 그림 11-6과 같이 자기장의 방향은 그대로 둔 채 전류의 방향을 왼쪽에서 흐르게 하면 어떻게 될까요?

A와 B에 흐르는 전류의 방향이 달라졌으므로, 전류의 방향대로 오른손을 놓으면 A에서는 손바닥이 아래를 향하고, B에서는 손바닥이 위를 향하게 됩니다.

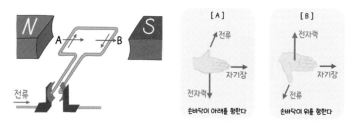

▲ **그림 11-6** 전류의 방향이 바뀐 경우

A에서는 전자력이 아래쪽 방향으로, B에서는 위쪽 방향으로 작용하면 그림 11-7과 같이 A는 내려가고 B는 올라가므로, 코일이 반시계 방향으로 회전합니다. 이와 같이 전류의 방향이 변하면 전자력의 방향이 변하므로 코일의 회전 방향이 달라집니다.

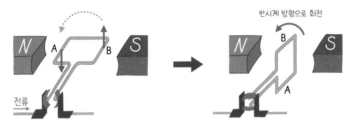

▲ 그림 11-7 전류의 방향이 변하면 코일의 회전 방향이 변한다.

이번에는 그림 11-8과 같이 전류의 방향은 그대로 둔 채 자석의 위치를 바꾸면 어떻게 될까요? A와 B에 작용하는 자기장의 방향이 달라졌으므로, 전류와 자기장의 방향대로 오른손을 놓으면 A에서는 손바닥이 아래를 향하고, B에서는 손바닥이 위를 향하게 됩니다.

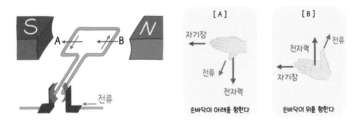

▲ 그림 11-8 자기장의 방향이 바뀐 경우

A에서는 전자력이 아래쪽 방향으로, B에서는 위쪽 방향으로 작용하면 그림 11-9와 같이 A는 내려가고 B는 올라가므로 코일이 반시계 방향으로 회전합니다. 이와 같이 자기장의 방향이 변하는 경우에도 전자력의 방향이 변하므로 코일의 회전 방향이 달라집니다.

또한 전류의 세기가 증가하거나 자기장의 세기가 증가하면 둘의 상호작용으로 발생하는 전자력의 크기도 증가합니다.

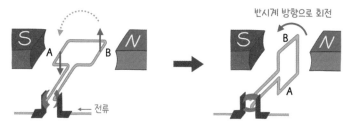

▲ 그림 11-9 자기장의 방향이 변하면 코일의 회전 방향이 변한다.

전자력이 커지면 전동기의 회전이 빨라지는데, 전류와 자기장의 방향 또는 세기를 변화시키면서 전동기의 회전 방향과 속도를 조절할 수 있습니다.

+ 더 알아보기

회전할 때 전류의 방향이 잠시 끊기는 이유

전동기에는 '정류자'라는 장치가 있는데, 정류자는 코일이 회전할 때 전류를 잠시 끊어 주는 역할을 합니다. 만약 코일이 회전할 때 전류를 끊지 않으면 코일의 회전 방향이 계속 달라지기 때문입니다.

예를 들어 그림 11-10과 같이 시계 방향으로 회전하는 전동기가 있다고 해 봅시다. 만약 A와 B에 흐르는 전류의 방향이 변하지 않는다면, 코일이 회전한 후에 A와 B의 위치가 바뀌므로 전자력의 방향이 처음과 반대 방향이 됩니다. 이런 경우 코일이 한 번 회전할 때마다 회전 방향이 달라지는 상황이 발생합니다.

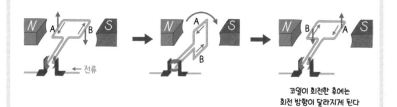

▲ 그림 11-10 코일이 회전할 때 전류를 끊지 않으면 코일의 회전 방향이 달라진다.

그러나 그림 11-11과 같이 코일이 회전할 때 전류를 잠시 끊었다가 코일이 회전한 후 다시 전류를 흘려보내면, A와 B의 위치가 바뀌어도 전자력의 방향이 변하지 않으므로 코일은 계속 같은 방향으로 회전할 수 있습니다.

코일이 회전할 때
전류가 잠시 끊어진다

코일이 회전한 후에도
회전 방향이 달라지지 않는다

▲ 그림 11-11 코일이 회전할 때 전류를 잠시 끊어야 코일이 계속 같은 방향으로 회전한다.

배운 내용 체크하기

✔ ㉮㉱㉠는 전자력에 의해 코일이 회전하는 원리를 이용한 것이다.

✔ 전동기의 회전 방향은 코일에 작용하는 ㉠㉠㉢의 방향을 통해 알 수 있으며, 전류의 방향과 ㉠㉠㉠의 방향에 따라 달라진다.

3부

태양계

12장

지구와 달의 크기

지구의 크기 구하기

달의 크기 구하기

QR 코드를 스캔하면 유튜브 강의 영상을 볼 수 있어요!

연계 교과 : 중2 과학 Ⅲ. 태양계

지구의 크기 구하기

지구의 둘레는 어떻게 측정할 수 있을까요? 지금으로부터 약 2200년 전, 고대의 수학자이자 천문학자였던 에라토스테네스Eratosthenes는 지구의 크기를 최초로 측정했는데, 지금까지도 지구의 둘레를 측정할 때 에라토스테네스의 측정 방법이 사용되고 있습니다. 당시 에라토스테네스는 '알렉산드리아'라는 지역의 도서관장으로 일하고 있었습니다. 그러던 어느날, 책에서 '시에네'라는 지역은 하짓날(태양의 남중 고도가 가장 높고 낮의 길이가 가장 긴 날) 정오(낮 12시)에 우물 속에 그림자가 생기지 않는다는 글을 읽게 됩니다. 같은 시간에 알렉산드리아 지역에서는 그림자가 생기는데, 시에네 지역에서는 그림자가 생기지 않는다는 것은 그림 12-1과 같이 시에네 지역은 햇빛이 우물 바닥을 수직으로 비춘다는 것을 의미합니다. 이를 통해 에라토스테네스는 지구의 크기를 구할 방법을 생각했습니다.

알렉산드리아 지역
햇빛이 비스듬히 비춘다

시에네 지역
햇빛이 수직으로 비춘다

▲ 그림 12-1 하짓날 정오에 알렉산드리아와 시에네 지역의 햇빛

에라토스테네스가 고안한 방법은 그림 12-2와 같습니다. 먼저 알렉산드리아와 시에네 지역에 수직으로 막대를 세우고, 막대의 연장선을 그리면 지구의 중심에서 만납니다. 이때 알렉산드리아와 시에네까지의 거리를 호의 길이로 하는 부채꼴이 생기는데, 만약 지구가 완전한 구형이라면, 부채꼴의 호의 길이가 중심각의 크기에 비례하는 관계를 이용해 지구의 둘레를 계산할 수 있다고 생각한 것입니다. 에라토스테네스는 지구가 완전한 구형이라고 가정하고, 부채꼴의 중심각의 크기와 호의 길이를 측정해 지구 둘레를 계산했습니다. 먼저 호의 길이를 알아내기 위해 알렉산드리아에서 시에네까지 직접 사람을 시켜 걸어가게 하면서 발걸음 폭으로 거리를 측정했는데, 그 거리가 약 925km였습니다.

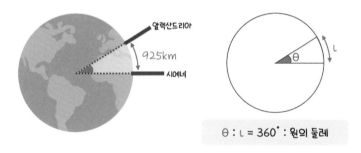

▲ 그림 12-2 에라토스테네스가 지구 크기를 측정하기 위해 고안한 부채꼴의 원리

부채꼴의 호의 길이를 측정했으니 중심각의 크기만 알아내면 비례식을 이용해 지구의 둘레를 계산할 수 있습니다. 중심각의 크기는 직접 측정하는 것이 불가능하지만, 에라토스테네스는 그림 12-3과 같은 방법으로 알아낼 수 있었습니다. 에라토스테네스는 태양이 지구로부터 매우 멀리 떨어져 있으며, 태양에 비해 지구의 크기가 매우 작으므로 지구로 들어오는

햇빛이 평행하다고 가정했습니다. 이때 햇빛이 평행하다면 부채꼴의 중심각의 크기는 알렉산드리아 지역에 세운 막대와 햇빛이 이루는 각도와 서로 엇각으로 같습니다.

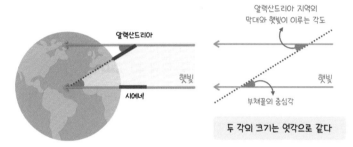

▲ 그림 12-3 부채꼴의 중심각을 구하기 위해 사용한 엇각의 원리

알렉산드리아 지역에 세운 막대와 햇빛이 이루는 각도를 측정하기 위해 에라토스테네스는 그림 12-4와 같이 하짓날 정오에 알렉산드리아 지역에 수직으로 막대를 세운 후 막대 끝과 그림자 끝을 실로 연결했습니다. 이때 실과 막대가 이루는 각도를 측정해 약 7.2°라는 것을 알아냈습니다.

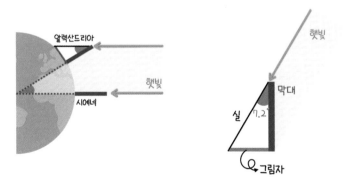

▲ 그림 12-4 알렉산드리아 지역에 세운 막대를 이용해 부채꼴의 중심각의 크기를 알아냈다. 단, 실제 7.2°는 그림에 표현한 것보다 훨씬 작은 각도임.

에라토스테네스는 이와 같은 방법으로 부채꼴의 중심각의 크기가 7.2°이고, 호의 길이가 925km임을 알아낸 후 그림 12-5와 같이 비례식을 세웠습니다.

부채꼴의 호의 길이가 중심각의 크기에 비례하므로 7.2° : 925km = 360° : 지구 둘레라는 비례식을 세울 수 있고, 비례식을 풀어 계산하면 지구 둘레는 46,250km이 됩니다.

오늘날 인공 위성으로 측정한 지구의 지름은 약 40,075km로 에라토스테네스가 계산한 것과 차이는 있지만, 2천년 전에 아무런 기술도 없이 측정한 것을 고려하면 비교적 정확한 값으로 볼 수 있습니다.

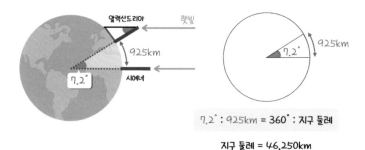

▲ 그림 12-5 에라토스테네스가 계산한 지구의 둘레

+ 더 알아보기

에라토스테네스의 측정 방법에 오차가 생긴 이유

에라토스테네스가 계산한 지구의 둘레는 실제 지구의 둘레와 차이가 있습니다. 에라토스테네스의 측정 방법에 오차가 발생한 데는 다음 세 가지 이유를 들 수 있습니다.

① 알렉산드리아 지역과 시에네 지역의 거리는 직접 사람의 발걸음으로 측정한 것이므로 정확한 측정이 어렵다.

② 알렉산드리아와 시에네가 같은 경도 상에 위치해야 정확한 부채꼴의 호의 길이가 된다. 하지만 그림 12-6과 같이 실제 알렉산드리아와 시에네의 경도는 같지 않다.

③ 에라토스테네스는 지구를 완전한 구형으로 가정하고, 부채꼴의 원리를 이용해 계산했지만 실제 지구는 완전한 구형이 아닌 살짝 타원형이다.

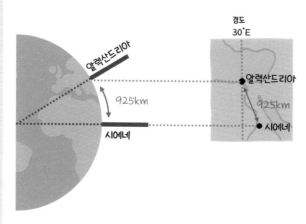

▲ 그림 12-6 알렉산드리아와 시에네의 경도

달의 크기 구하기

달의 크기는 에라토스테네스의 방법처럼 발걸음으로 거리를 측정하거나 막대를 세워 각도를 측정해서 알아낼 수 없습니다. 그렇다면 달의 크기는 어떻게 측정할까요? 달의 크기를 측정하기 위해 보름달이 뜬 날에 밖으로 나가 그림 12-7과 같이 동전이 보름달과 같은 크기가 되도록 동전을 들어봅시다. 동전이 아닌 반지나 단추 등 다른 원형의 물체를 사용해도 괜찮습니다.

▲ 그림 12-7 보름달과 동전이 같은 크기가 되도록 동전을 든다.

이때 그림 12-8과 같이 동전의 위치가 보름달을 빗나가거나, 동전의 크기가 보름달보다 작지 않도록 주의해야 합니다. 동전이 정확히 보름달과 같은 크기가 되어 보름달을 가리는 게 중요합니다.

▲ 그림 12-8 동전이 보름달과 같은 크기가 되도록 해야 한다.

동전이 보름달과 같은 크기가 되도록 들면 그림 12-9와 같이 눈에서 동전과 보름달을 잇는 직선이 만들어지며, 눈에서 보름달까지의 큰 삼각형과 눈에서 동전까지의 작은 삼각형이 만들어집니다.

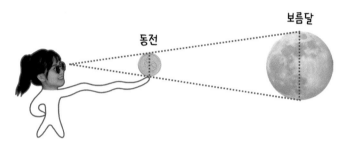

▲ **그림 12-9** 눈에서 동전, 눈에서 보름달까지 두 개의 삼각형이 만들어진다.

그림 12-10과 같이 작은 삼각형을 하늘색으로, 큰 삼각형을 분홍색으로 구분하여 비교해 봅시다.

하늘색의 작은 삼각형은 밑변의 길이가 '동전의 지름(d)'이며, 높이가 '눈에서 동전까지의 거리(l)'인 삼각형입니다. 다음으로 분홍색의 큰 삼각형은 밑변의 길이가 '달의 지름(D)'이며, 높이가 '눈에서 달까지의 거리(L)'인 삼각형입니다.

두 삼각형은 모양이 같고 크기만 다른 관계이며, 이와 같은 관계를 수학적으로 '닮음'이라고 표현합니다. 닮음 관계에 있는 두 삼각형에서는 d:D = l:L이라는 비례 관계가 성립합니다. 예를 들어 d:D가 1:3이라면, l:L도 1:3인 것입니다.

두 삼각형에 대한 비례식을 풀어 달의 지름(D)에 관한 식으로 만들면 다음과 같습니다.

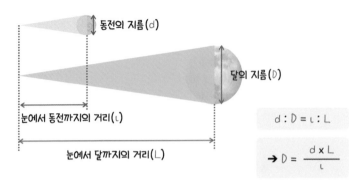

동전의 지름(d)

달의 지름(D)

눈에서 동전까지의 거리(ι)

눈에서 달까지의 거리(L)

$$d : D = ι : L$$

$$\rightarrow D = \frac{d \times L}{ι}$$

▲ 그림 12-10 삼각형의 닮음 관계를 이용해 달의 지름을 구하는 방법

여기서 동전의 지름(d)과 눈에서 동전까지의 거리(ι)는 직접 측정할 수 있고, 눈에서 달까지의 거리(L)는 지구에서 달까지의 거리로 대신할 수 있으며, 지구에서 달까지의 거리는 그림 12-11과 같이 측정할 수 있습니다.

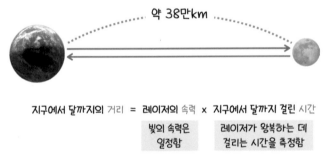

약 38만km

지구에서 달까지의 거리 = 레이저의 속력 x 지구에서 달까지 걸린 시간

빛의 속력은 일정함

레이저가 왕복하는 데 걸리는 시간을 측정함

▲ 그림 12-11 지구에서 달까지의 거리를 측정하는 방법

1969년 아폴로 11호가 달에 착륙했을 때 거울을 설치했는데, 지구에서 이 거울을 향해 레이저를 발사하면 거울을 통해 반사되어 다시 지구로 돌아옵니다. 이때 레이저가 왕복하는 데 약 2.5초가 걸리며, 레이저의 속력은 299,792,458m/s(약 30만km/s)로 일정한 값이므로 이를 통해 지구에서 달까지의 거리를 계산하면 약 38만km가 됩니다.

따라서 그림 12-10의 달의 지름(D)을 구하는 공식에 동전의 지름(d), 눈에서 동전까지의 거리(ι), 지구에서 달까지의 거리(L)을 대입하면 달의 지름(D)이 약 3,474km임을 알아낼 수 있습니다.

✔ 에라토스테네스는 지구는 완전한 ㉠㉨이며, 햇빛은 지구에 ㉤㉨하게 들어온다는 가정 하에 부채꼴의 원리를 이용해 지구의 ㉢㉤를 측정했다.

✔ 달의 지름은 삼각형의 ㉢㉥ 관계를 이용해 계산할 수 있으며, 지구에서 달까지의 거리는 약 38만km이다.

1. 구형 2. 평행 3. 둘레 4. 닮음

13장

지구와 달의 운동

일주 운동과 연주 운동	달의 위상 변화	일식	월식

QR 코드를 스캔하면 유튜브 강의 영상을 볼 수 있어요!

연계 교과 : 중2 과학 III. 태양계

일주 운동과 연주 운동

그림 13-1은 밤하늘의 별의 움직임을 오랜 시간 촬영해서 하나로 합성한
사진입니다. 마치 별이 빙글빙글 회전한 것처럼 보이는데, 이와 같은 별
의 움직임을 일주 운동이라고 합니다. 그러나 일주 운동은 실제로 별이 지
구 주위를 움직이는 것은 아니며, 지구가 자전축을 중심으로 스스로 회전
하기 때문에 나타나는 현상입니다. 다만 우리가 지구의 회전을 느끼지 못
하기 때문에 마치 지구 밖에 있는 별이 회전하는 것처럼 보이는 것이죠.

▲ 그림 13-1 북쪽 하늘에 나타난 별의 일주 운동

지구는 자전축을 중심으로 하루에 한 바퀴를 회전하는 자전 운동을 합니
다. 지구의 자전축은 그림 13-2와 같이 약 23.5° 기울어져 있으며, 지구
의 자전 방향은 서쪽에서 동쪽으로 회전하는 방향입니다. 지구의 자전으

로 인해 나타나는 대표적인 현상이 바로 낮과 밤이 생기는 것입니다. 지구에 있는 관찰자가 태양 쪽을 향하면 그 지역은 낮이 되고, 지구가 자전해 관찰자가 태양의 반대쪽을 향하면 그 지역은 밤이 됩니다. 지구가 하루에 한 바퀴를 회전하므로, 낮과 밤은 하루에 한 번씩 반복됩니다.

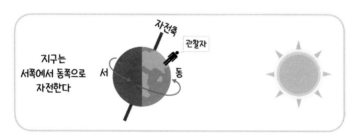

▲ **그림 13-2** 지구의 자전으로 인해 낮과 밤이 생긴다.

그런데 지구에 있는 관찰자는 지구의 자전이 느껴지지 않기 때문에, 마치 지구는 가만히 있고 태양, 달, 별과 같은 우주의 천체들이 그림 13-3과 같이 지구 주위를 돌며 동쪽에서 서쪽으로 이동하는 것처럼 보입니다. 이와 같이 **지구의 자전으로 인해 태양, 달, 별과 같은 천체가 하루에 한 바퀴씩 지구 주위를 도는 것처럼 보이는 현상**이 일주 운동입니다. 즉, 일주 운동은 실제로 천체가 이동하는 것이 아닌, 이동하는 것처럼 보이는 운동입니다. 또한 일주 운동의 방향은 지구의 자전 방향과 반대로 나타납니다. 예를 들어 달리는 자동차 안에서 바깥의 나무를 본다면 실제로는 자동차가 앞으로 이동하는 것이지만, 마치 바깥의 나무가 뒤로 이동하는 것처럼 보입니다. 이와 같이 지구가 서쪽에서 동쪽으로 자전하고 있지만, 지구 안에 있는 관찰자에게는 지구 밖의 천체들이 동쪽에서 서쪽으로 이동하는 것처럼 보이는 것이죠.

지구의 관찰자는 태양, 달, 별이
동쪽에서 서쪽으로 이동한다고 느낀다

▲ 그림 13-3 지구의 자전으로 인해 천체가 동쪽에서 서쪽으로 이동하는 것처럼 보인다.

우리나라가 속한 중위도 지역의 관찰자를 중심으로 천체들의 일주 운동
을 살펴봅시다. 그림 13-4는 중위도 지역의 관찰자를 중심으로 지구와
자전축을 나타낸 것입니다. 지구 주위에 '천구'라고 하는 가상의 구를 표
시한 것이 보이나요? 지구에서 밤하늘을 볼 때 그림 13-1과 같이 마치 별
들이 가상의 넓은 구의 안쪽 면에 붙어서 이동하는 것처럼 보이는데, 이
러한 **가상의 구**를 **천구**라고 합니다. 지구가 자전하는 동안 지구의 관찰자
에게는 지구의 회전이 느껴지지 않으므로 지구는 가만히 있고 마치 지구
를 둘러싼 천구가 회전하며 별이 이동하는 것처럼 보이지요. 예를 들어
지구가 서쪽에서 동쪽으로 자전하면, 지구에 있는 관찰자에게는 천구에
있는 별이 그림 13-4에 표시한 궤도를 따라 동쪽에서 서쪽으로 이동하는
것처럼 보입니다.

그림 13-4에서 별이 궤도를 따라 일주 운동을 하는 동안 중위도 지역의
관찰자가 별의 움직임을 관찰한다고 해 봅시다. 먼저 동쪽 하늘을 바라보
면 그림 13-5와 같이 별이 오른쪽 위로 비스듬히 떠오르는 것처럼 관찰
될 것입니다. 그러다가 몸을 돌려 남쪽 하늘을 바라보면 별이 지평선과
나란하게 동쪽에서 서쪽으로 지나가는 것처럼 관찰되며, 다시 몸을 돌려
서쪽 하늘을 바라보면 별이 오른쪽 아래로 비스듬히 지는 것처럼 관찰될
것입니다.

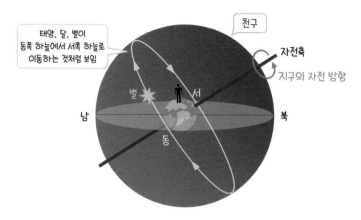

▲ 그림 13-4 지구의 관찰자에게는 천구 상에 있는 천체들이 회전하는 것처럼 보인다.

만약 자전축 근처에 있는 북쪽 하늘을 바라보면, 지구의 자전 방향의 반대 방향(관찰자 입장에서 반시계 방향)으로 회전하는 별을 관찰할 수 있습니다.

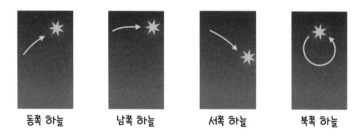

▲ 그림 13-5 중위도 지역의 관찰자가 보게 되는 별의 일주 운동

지구는 자전축을 중심으로 하루에 한 바퀴 회전하는 자전 운동을 하면서, 동시에 그림 13-6과 같이 태양 주위를 일 년에 한 바퀴 도는 공전 운동을 합니다. 지구의 공전 방향도 서쪽에서 동쪽으로 회전하는 방향입니다.

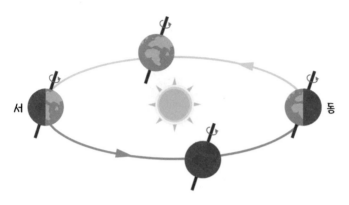

▲ 그림 13-6 지구의 공전

그림 13-7은 태양 주위를 공전하고 있는 지구와, 지구가 공전하는 궤도를 둘러싼 우주의 12개의 별자리를 함께 나타낸 것입니다. 지구가 태양 주위를 공전하고 있지만, 지구에 있는 관찰자에게는 지구의 공전이 느껴지지 않으므로, 마치 태양이 별자리 사이를 조금씩 이동하는 것처럼 느껴집니다.

예를 들어 지구가 그림 13-7의 A 위치에 있을 때 하늘을 바라보면 태양이 사자자리 근처에 있는 것처럼 관찰됩니다. 3개월 정도 후에 지구가 공전해 B 위치에 있을 때 하늘을 바라보면 이번에는 태양이 전갈자리 근처에 있는 것처럼 관찰됩니다. 지구가 공전하는 동안 태양과 별자리는 움직이지 않았지만, 지구에 있는 관찰자에게는 마치 태양이 사자 자리에서 전갈 자리 근처로 이동한 것처럼 보이는 것이죠.

이와 같이 **지구가 태양 주위를 공전함에 따라, 태양이 별자리를 배경으로 조금씩 움직이며 일 년에 한 바퀴를 도는 운동**을 태양의 **연주 운동**이라고 합니다. 태양의 연주 운동도 일주 운동과 마찬가지로, 실제로 태양이 이동하는 것이 아니라 지구의 공전으로 인해 태양이 이동하는 것처럼 보이는 운동입니다. 이때 **태양이 연주 운동을 하며 별자리 사이를 이동해 가는 길을 황도**라고 하며, **태양이 지나는 12개의 별자리를 황도 12궁**이라고 합니다.

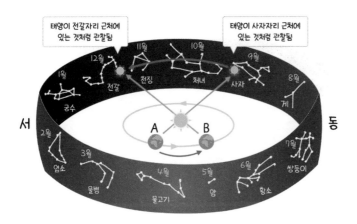

▲ 그림 13-7 황도 12궁을 지나는 태양의 연주 운동

지구가 공전하면서 지구에서 매월 관찰되는 별자리도 달라집니다. 그림 13-8과 같이 지구의 위치에 따라 태양 쪽에 있는 별자리와 태양의 반대쪽에 별자리가 달라지기 때문이지요. 태양 쪽에 있는 별자리는 지구가 하루에 한 바퀴 자전하면서 태양 쪽을 향하는 동안 볼 수 있는 별자리입니다. 따라서 태양 쪽 별자리는 태양과 비슷한 시간에 동쪽에서 떠서 서쪽으로 지는데, 태양이 떠 있는 동안은 태양빛으로 인해 별자리를 관찰할 수 없습니다. 다만 태양이 먼저 서쪽 하늘의 지평선 아래로 진 직후에 잠깐 동안 서쪽 하늘에서 관찰할 수 있습니다.

반면에 태양 반대쪽 별자리는 지구가 자전하면서 태양의 반대쪽을 향하는 동안, 즉 밤에 볼 수 있는 별자리입니다. 따라서 태양 반대쪽 별자리는 태양이 서쪽으로 질 무렵에 동쪽 하늘에서 떠서 한밤중에 남쪽 하늘로 이동하므로, 태양 반대쪽 별자리는 저녁부터 밤까지 계속 관찰할 수 있습니다.

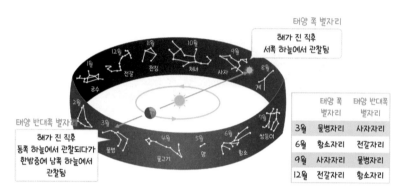

태양 쪽 별자리
해가 진 직후 서쪽 하늘에서 관찰됨

태양 반대쪽 별자리
해가 진 직후
동쪽 하늘에서 관찰되다가
한밤중에 남쪽 하늘에서
관찰됨

	태양 쪽 별자리	태양 반대쪽 별자리
3월	물병자리	사자자리
6월	황소자리	전갈자리
9월	사자자리	물병자리
12월	전갈자리	황소자리

▲ 그림 13-8 황도 12궁에서 매월 관찰되는 별자리

예를 들어 그림 13-8에서 지구의 위치는 8~9월 경을 나타내며, 이때 태양 쪽 별자리인 사자자리는 태양과 비슷한 시간에 동쪽에서 떠서 서쪽으로 집니다. 낮에는 태양빛으로 인해 관찰되지 않다가 그림 13-9의 왼쪽 그림과 같이 태양이 먼저 서쪽 하늘의 지평선 아래로 진 후에 잠시 사자자리가 관찰됩니다. 반면에 태양 반대편에 있는 물병자리는 해가 진 후 동쪽 하늘에서 떠오르기 시작해 한밤중이 되면 남쪽 하늘에서 관찰됩니다. 이와 같은 원리로 황도 12궁을 해석해 보면 매월 관찰되는 별자리를 알 수 있습니다.

각 별자리 위에 있는 'ㅇ월'은 해당 별자리가 태양 쪽 별자리가 되는 시기를 나타낸 것이며, 해당 별자리의 반대편에 있는 별자리가 한밤중에 관찰됩니다.

예를 들어 12월에는 전갈 자리가 태양 쪽 별자리가 되므로 전갈 자리는 해가 진 후 서쪽 하늘에서 관찰할 수 있으며, 전갈 자리의 반대편에 있는 황소 자리는 해가 진 직후 동쪽 하늘에서 떠올라 한밤중에 남쪽 하늘에서 관찰됩니다.

사자자리는 서쪽 하늘로 지고 있으며, 물병자리는 동쪽 하늘에서 뜨고 있다

물병자리가 남쪽 하늘에서 관찰된다

영상으로 설명 듣기

▲ 그림 13-9 8~9월 경에 태양 쪽 별자리와 태양 반대쪽 별자리가 관찰되는 예

☆ tip! ─────────────────────────────────────
잘 이해가 되지 않는다면 그림 13-9의 QR 코드를 스캔하여 영상으로 설명을 들어 보세요.

+ 더 알아보기

공전 방향과 연주 운동 방향

지구가 서쪽에서 동쪽으로 자전하는 동안 지구의 관찰자에게는 지구의 자전이 느껴지지 않으므로 그림 13-10과 같이 지구 밖에 있는 별이 지구의 자전과 반대 방향인 동쪽에서 서쪽으로 이동한 것처럼 보입니다. 앞에서 예를 든 것처럼 자동차가 앞으로 달리면, 자동차 안에서는 바깥의 나무가 자동차의 방향과 반대 방향인 뒤로 이동하는 것처럼 보이는 것처럼요. 따라서 지구의 자전 방향과 천체의 일주 운동 방향은 서로 반대 방향입니다.

▲ 그림 13-10 지구의 자전 방향(빨간색)과 천체의 일주 운동 방향(파란색)

하지만 지구의 공전 방향과 태양의 연주 운동 방향은 서쪽에서 동쪽으로 같습니다. 그림 13-11을 보면 지구가 태양 주위를 서쪽에서 동쪽으로 공전함에 따라 지구에서 관찰되는 태양의 연주 운동 방향도 서쪽에서 동쪽으로 이동하는 방향이 됩니다. 물론 뒤쪽을 보면 태양이 동쪽에서 서쪽으로 이동하는 것처럼 보이지만, 운동 방향은 앞에서 본 방향으로 정하므로, 태양의 연주 운동 방향은 지구의 공전 방향과 같이 서쪽에서 동쪽으로 이동하는 방향입니다.

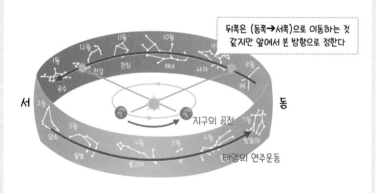

▲ 그림 13-11 지구의 공전 방향(빨간색)과 태양의 연주 운동 방향(파란색)

달의 위상 변화

지구가 자전축을 중심으로 자전하면서 동시에 태양 주위를 공전하듯이, 달도 자전축을 중심으로 자전하는 동시에 지구 주위를 공전합니다. 달이 지구 주위를 한 바퀴 공전하는 데 약 27.3일이 걸리므로, 하루에 약 13°씩 이동하며 지구 주위를 공전합니다.

달은 스스로 빛을 내지 못해서 그림 13-12와 같이 태양빛을 받는 부분은 밝게 보이지만, 태양빛을 받지 못하는 부분은 어두워서 보이지 않습니다. 이로 인해 지구 주위를 공전하는 달의 위치에 따라 태양빛을 받는 면적이 달라지므로 지구에서 관찰되는 달의 모양이 매일 달라지는 것입니다.

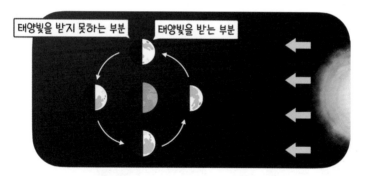

▲ 그림 13-12 지구 주위를 공전하는 달

지구에서 관찰되는 달의 모양을 달의 **위상**이라고 합니다. 그림 13-13을 보면 A~D의 위치에 따라 태양빛을 받는 면적이 달라져서 관찰자에게 보이는 달의 위상이 변하는 것을 알 수 있습니다.

먼저 달이 A 위치에 있을 때 지구에 있는 관찰자가 달을 관찰한다면, 관찰자에게 보이는 부분은 달이 태양빛을 받지 못하는 부분이므로 달의 모습이 보이지 않습니다. 달이 B 위치에 있을 때는 어떨까요? 지구에 있는 관찰자가 달을 관찰한다면 관찰자에게는 달이 태양빛을 받는 부분인 오른쪽(그림에서 빨간색으로 표시한 부분)만 보이겠죠. 따라서 이때 관찰되는 달의 위상은 마치 달이 반 토막 난 것처럼 관찰됩니다.

달이 C 위치에 있을 때는 달의 앞면 전체가 태양빛을 받으므로 관찰자는 달의 앞면 전체를 볼 수 있습니다. 달이 D 위치에 있을 때는 관찰자의 입장에서 달의 왼쪽 부분만 태양빛을 받으므로, 달이 B위치에 있을 때와 반대로 왼쪽만 보이는 달의 위상이 관찰됩니다.

이렇게 달의 위치에 따라 태양빛을 받는 면적과, 관찰자가 달을 바라보는 방향에 의해 지구에서 관찰되는 달의 위상이 달라집니다.

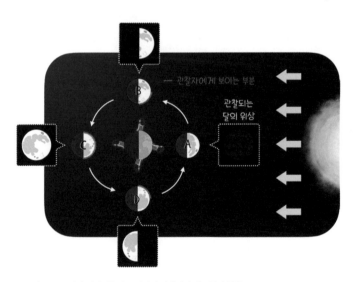

▲ 그림 13-13 달이 태양빛을 받는 면적에 따라 달라지는 달의 위상

달이 지구 주위를 한 바퀴 도는 동안 달의 위상이 조금씩 변하는데, 달의 위상에 따라 달을 부르는 명칭도 달라집니다. 우리가 흔히 초승달, 그믐달이라고 부르는 것이 바로 그 예입니다. 그림 13-14는 달이 지구 주위를 공전하는 위치에 따라 관찰되는 달의 위상과 달의 이름, 달이 관찰되는 음력 날짜를 나타낸 것입니다.

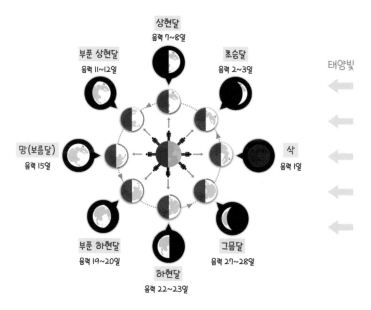

▲ 그림 13-14 달의 위치에 따라 관찰되는 달의 위상과 음력 날짜

지구를 중심으로 달이 태양과 같은 위치에 있을 때(그림을 기준으로 달이 가장 오른쪽에 있을 때)를 음력 1일로 정하는데, 이때는 그림 13-13에서 살펴본 것과 같이 달이 보이지 않습니다. 이때 달의 위상을 **삭**이라고 합니다. 달이 공전해 음력 2~3일 경이 되면 지구의 관찰자에게는 달이 태양빛을 받는 면적 중 오른쪽의 일부(빨간색으로 표시한 부분)만 보입니

다. 이때 달의 위상을 **초승달**이라고 합니다. '초'승달은 '오'른쪽 일부만 보이므로 이후에 나올 그믐달과 헷갈리지 않기 위해 '초오승달'이라고 외우면 기억하기 쉽습니다.

음력 7~8일경이 되면 지구의 관찰자에게는 달이 태양빛을 받는 면적 중 오른쪽 절반만 보이게 되며, 이때 달의 위상을 **상현달**이라고 합니다. '상'현달은 알파벳 'D' 모양이므로 이후에 나올 하현달과 헷갈리지 않게 '상디'라고 외우면 기억하기 쉽습니다. 음력 11~12일이 되면 관찰되는 달의 면적이 더 넓어지는데, 상현달의 모양에서 조금 더 넓어진 달의 위상을 **부푼 상현달** 또는 **배부른 상현달**이라고 합니다.

또 음력 15일이 되면 관찰자는 달의 앞면을 모두 볼 수 있게 되는데, 이때 달의 위상을 **망** 또는 **보름달**이라고 부릅니다. 음력 22~23일이 되면 지구의 관찰자를 기준으로 달의 왼쪽 절반만 보이게 되는데, 이때 달의 위상을 **하현달**이라고 하며, 하현달이 되기 전 음력 19~20일에 관찰되는 달의 위상을 **부푼 하현달** 또는 **배부른 하현달** 등의 이름으로 부릅니다. 마지막으로 음력 27~28일이 되면 관찰자에게는 달이 태양빛을 받는 면적 중 왼쪽 일부만 보이게 되는데, 이때 달의 위상을 **그믐달**이라고 합니다.

그런데 앞에서 달의 공전 주기가 27.3일이라고 했는데, 실제로 달이 지구 주위를 한 바퀴 돌아 처음의 삭 위상으로 돌아가기까지는 29.5일(약 30일)이 걸립니다. 그 이유는 달이 지구 주위를 한 바퀴 도는 동안, 지구도 태양 주위를 공전하면서 지구의 위치가 조금씩 변하기 때문입니다. 따라서 달의 위상이 삭에서 망을 지나 다시 삭이 될 때까지는 29.4일(약 30일)이 걸리며, 삭에서부터 다시 새로운 음력 1일이 시작됩니다.

달은 밤에만 관찰되나요?

우리는 흔히 낮에는 해가 뜨고 밤에는 달이 뜬다고 생각합니다. 하지만 달의 위상에 따라 뜨고 지는 시간은 조금씩 달라지므로 아침이나 낮에 달이 뜨기도 합니다. 지구가 자전하면서 태양쪽을 바라보는 동안은 낮이 되고, 태양의 반대편을 바라보는 동안은 밤이 되는데 그림 13-14를 보면 삭, 초승달, 그믐달은 달이 태양과 같은 방향에 위치하므로 태양쪽을 바라보는 동안 달을 보게 됩니다. 즉, 태양이 지평선 위에 떠있는 동안 달도 함께 떠있는 것입니다. 다만 태양빛이 강해서 달을 관찰하기가 어려울 뿐입니다.

달의 위상	관측되는 날짜	뜨는 시각~지는 시각 (동쪽 하늘)~(서쪽 하늘)	참고
삭	음력 1일	일출 시각~일몰 시각	태양과 같이 뜨고 짐 (관측하기 어려움)
초승달	음력 2~3일	오전 9시~오후 9시	-
상현달	음력 7~8일	낮 12시~밤 12시	-
망(보름달)	음력 15일	일몰 시각~일출 시각	태양과 반대로 뜨고 짐 (가장 오랫동안 관측 가능)
하현달	음력 22~23일	밤 12시~낮 12시	-
그믐달	음력 27~28일	새벽 3시~오후 3시	-

▲ 표 13-1 달의 위상별 뜨고 지는 시간 비교

달이 동쪽 지평선 위로 떠오르는 시간이 매일 조금씩 늦어지므로, 매일 같은 시간에 나가서 달을 관찰한다면 달의 위치가 점점 동쪽 하늘 근처에서 관찰될 것입니다.

예를 들어 음력 2일부터 15일까지 매일 오후 8시에 밖에 나가서 달을 관찰한다면 그림 13-15와 같이 음력 2일 쯤에는 서쪽 하늘 근처에서 지는 달이 관찰되다가, 음력 7일 쯤에는 남쪽 하늘에서 관찰되고, 음력 15일 쯤에는 동쪽 하늘 근처에서 이제 막 떠오른 달이 관찰될 것입니다. 따라서 같은 시간, 같은 장소에서 달의 사진을 찍어 합쳐본다면 매일 달이 관찰되는 위치가 그림 13-15처럼 조금씩 동쪽 하늘 근처로 옮겨가는 것을 볼 수 있습니다. 더 자세한 내용을 확인하고 싶다면 QR 코드를 스캔하여 영상으로 확인하세요.

▲ 그림 13-15 매일 같은 시간에 달을 관찰한다면 보름달이 될수록 동쪽 하늘 근처에서 관찰된다.

영상으로 설명 듣기

일식

달이 지구 주위를 공전하다가 태양, 달, 지구의 순서대로 일직선상에 놓이게 되면 태양이 달에 가려지는 **일식**日蝕, 해 일/좀먹을 식이 일어납니다. 예를 들어 그림 13-16과 같이 달이 지구와 태양 사이에 있는 삭의 위치에 있을 때, 달이 태양으로부터 오는 빛을 차단해 지구에 달의 그림자가 생깁니다. 이때 **태양빛을 모두 차단해 생기는 중심부의 매우 어두운 그림자**를 **본그림자**라고 하고, **태양빛을 일부 차단해 생기는 주변부의 약간 어두운 그**

림자를 **반그림자**라고 합니다. 지구에서 본그림자에 있는 지역에서는 태양이 달에 완전히 가려지는 **개기 일식**을 볼 수 있으며, 반그림자에 있는 지역에서는 태양이 달에 일부만 가려지는 **부분 일식**을 볼 수 있습니다. 일식은 태양이 떠있는 낮에 관찰할 수 있으며, 달의 그림자가 생기는 지역에서만 관찰할 수 있습니다.

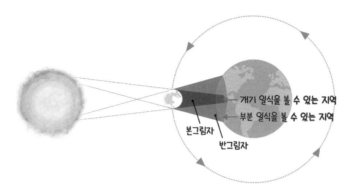

▲ 그림 13-16 일식이 일어나는 원리와 일식을 관찰할 수 있는 지역

또한, 그림 13-16에서 지구에 있는 관찰자가 달을 바라볼 때, 달이 태양의 오른쪽에서 왼쪽으로 지나가므로, 일식이 일어날 때 그림 13-17과 같이 태양의 오른쪽부터 가려집니다. 본그림자에 있는 지역에서는 부분 일식이 관찰되다가 개기 일식이 일어나는 것까지 볼 수 있습니다. 특히 태양이 달에 완전히 가려지는 개기 일식이 일어날 때 태양의 대기, 그림 13-17에서 흰색으로 보이는 부분을 관찰할 수 있습니다.

▲ 그림 13-17 월식 진행 과정(북반구 기준)

월식

달이 지구 주위를 공전하다가 태양, 지구, 달의 순으로 일직선상에 놓이면 달이 지구 그림자에 가려지는 **월식**月蝕, 달 월/ 좀먹을 식이 일어납니다. 예를 들어 그림 13-18과 같이 달이 태양의 반대편에 있는 '망(보름달)'의 위치에 있을 때, 지구가 태양으로부터 오는 빛을 차단해 지구의 그림자가 생깁니다. 이때 중심부의 매우 어두운 그림자를 **본그림자**, 주변부의 약간 어두운 그림자를 **반그림자**라고 합니다.

달이 지구 주위를 공전하다가 지구의 반그림자에 들어가면 달의 밝기가 약간 어두워지다가, 달의 일부가 지구의 본그림자에 들어가면 **부분 월식**이 관찰됩니다. 달이 지구의 본그림자에 완전히 들어가면 **개기 월식**이 관찰됩니다.

일식은 달의 그림자 안에 있는 지역에서만 관찰할 수 있지만, 월식은 현재 밤인 지역(빨간색으로 표시한 지역)이라면 모두 월식을 볼 수 있습니다.

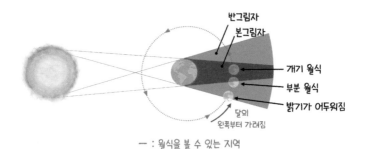

▲ 그림 13-18 월식이 일어나는 원리와 월식을 관찰할 수 있는 지역

또한 그림 13-18에서 지구에 있는 관찰자가 달을 바라볼 때 달의 왼쪽부

터 그림자에 들어가므로, 월식이 일어날 때 그림 13-19와 같이 달의 왼쪽부터 가려집니다.

달이 지구의 본그림자에 완전히 들어가는 개기 월식이 일어날 때는 달 전체가 붉게 보이는 현상이 발생하는데, 태양빛이 지구의 대기를 지날 때 붉은 빛이 굴절되어 본그림자에 가려진 달을 비추면서 달이 붉게 보이는 것입니다.

▲ **그림 13-19** 월식 진행 과정(북반구 기준)

QnA

매월 달이 삭과 망의 위치가 될 때마다 일식과 월식이 일어나나요?

일식은 달이 삭의 위치에 있을 때, 월식은 달이 망의 위치에 있을 때 일어납니다. 달은 매달 지구 주위를 공전하고 있으니 일식과 월식이 매달 일어난다고 생각할 수도 있습니다. 하지만 달이 공전하는 궤도는 지구가 공전하는 궤도보다 약 5° 정도 기울어져 있어서 달이 삭과 망의 위치에 있더라도 태양, 달, 지구가 정확한 일직선상에 놓이지 않는 경우가 많습니다. 이 때문에 일식과 월식이 매달 일어나지는 않습니다.

배운 내용 체크하기

✔ 지구는 자전축을 중심으로 서쪽에서 동쪽으로 하루에 한 바퀴 회전하는 ㅈㅈㅇㄷ을 하며, 지구의 자전으로 인해 태양, 달, 별 등의 천체가 동쪽에서 서쪽으로 이동하는 ㅇㅈㅇㄷ이 관찰된다.

✔ 지구는 태양을 중심으로 서쪽에서 동쪽으로 일 년에 한 바퀴 회전하는 ㄱㅈㅇㄷ을 하며, 지구의 공전으로 인해 태양이 황도 12궁 사이를 이동하는 ㅇㅈㅇㄷ이 관찰된다.

✔ 달이 지구 주위를 ㄱㅈ하면서 태양빛을 받는 면적이 달라지는데, 이로 인해 지구에서 관찰되는 달의 위상이 달라진다.

✔ 태양-달-지구 순으로 일직선상에 놓일 때 태양이 달에 가려지는 ㅇㅅ이 일어난다.

✔ 태양-지구-달 순으로 일직선상에 놓일 때 달이 지구의 그림자에 가려지는 ㅇㅅ이 일어난다.

정답 ──────────────────────────────

1. 자전 운동 2. 일주 운동 3. 공전 운동 4. 연주 운동 5. 공전 6. 일식 7. 월식

190

14장

태양계

QR 코드를 스캔하면 유튜브 강의 영상을 볼 수 있어요!

연계 교과 : 중2 과학 Ⅲ. 태양계

태양계의 구성

태양계는 태양을 중심으로 행성, 위성, 소행성, 혜성 등의 다양한 천체들이 모인 집단입니다. 태양은 태양계에서 유일하게 스스로 빛을 내는 천체이며, 다른 천체들은 태양빛을 반사해 빛을 냅니다. 태양 주위를 공전하는 천체를 **행성**이라고 하며, 행성 주위를 공전하는 천체를 **위성**이라고 합니다. 예를 들어 태양 주위를 지구가 공전하고, 지구 주위를 달이 공전하므로 지구는 행성, 달은 위성입니다. 이외에도 화성과 목성 사이를 떠도는 **소행성**, 태양 주위에서 밝게 타며 긴 꼬리를 나타내는 **혜성** 등의 천체들이 태양계를 구성하고 있습니다.

태양 주위를 도는 행성에는 태양과 가까운 순서대로 수성, 금성, 지구, 화성, 목성, 토성, 천왕성, 해왕성으로 총 8개의 행성이 있습니다. 이 중에서 그림 14-1의 수성, 금성, 지구, 화성은 **지구형 행성**으로 분류합니다. 지구형 행성은 크기와 질량이 비교적 작고, 암석 성분으로 이루어져 있어 밀도가 크고 표면이 단단한 것이 특징입니다.

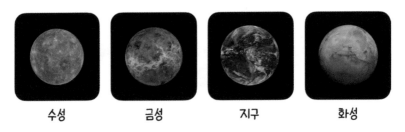

| 수성 | 금성 | 지구 | 화성 |

▲ 그림 **14-1** 지구형 행성에 속하는 수성, 금성, 지구, 화성(이미지 출처: NASA)

지구형 행성들의 대표적인 특징을 살펴볼까요? 먼저, 수성은 달과 크기가 비슷하며 태양계의 행성 중 가장 작습니다. 표면에 운석 구덩이가 많아서 달과 생김새가 비슷해 보이며, 낮과 밤의 일교차가 매우 큽니다.

금성은 크기와 질량이 지구와 비슷합니다. 이산화 탄소로 이루어진 두꺼운 대기층을 가지고 있어서 표면 기압이 약 90기압으로 매우 높고, 이산화 탄소에 의한 온실 효과로 인해 표면 온도 또한 약 470℃로 매우 높습니다.

지구는 산소가 포함된 대기층과 액체 상태의 물이 존재해 생명체가 살아갈 수 있는 유일한 행성입니다.

마지막으로 화성은 대기가 희박해 기압이 약 0.007기압으로 매우 낮고, 낮과 밤의 온도차가 매우 큽니다. 또한, 표면이 산화 철 성분으로 이루어져 붉게 보이는 것이 특징입니다.

다음으로 그림 14-2의 목성, 토성, 천왕성, 해왕성은 **목성형 행성**으로 분류합니다. 목성형 행성은 크기와 질량이 비교적 크고, 기체 성분으로 이루어져 있어 밀도가 작고 표면이 없는 것이 특징입니다.

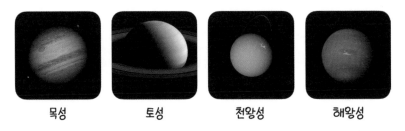

| 목성 | 토성 | 천왕성 | 해왕성 |

▲ **그림 14-2** 목성형 행성에 속하는 목성, 토성, 천왕성, 해왕성(이미지 출처: NASA)

목성형 행성들의 특징도 간단히 살펴볼까요? 목성은 태양계 행성 중 크기가 가장 크고, 자전 주기가 10시간으로 매우 짧아서 행성에 가로줄 무늬가 형성되어 있습니다. 또한, 대기의 강한 소용돌이로 인해 거대한 붉은 점인 대적점이 나타납니다.

토성은 목성 다음으로 크기가 큰 행성으로, 주로 수소 기체로 이루어져 있으며 얼음과 티끌 성분의 고리를 가지고 있습니다.

천왕성은 대기층의 메테인 성분이 붉은 빛을 흡수해 푸른 빛으로 보이며, 자전축이 약 98°나 기울어져 있어서 태양 주위를 마치 누워서 공전하는 것과 같은 독특한 특징이 있습니다.

마지막으로 해왕성은 천왕성과 마찬가지로 대기의 메테인 성분으로 인해 푸른 빛으로 보이며, 목성처럼 대기의 소용돌이로 인한 대흑점이 있는 것이 특징입니다.

태양의 특징

태양은 태양계에서 유일하게 스스로 빛을 내는 천체입니다. 태양은 그림 14-3의 왼쪽 그림과 같이 끊임없이 폭발이 일어나면서 많은 양의 빛과 에너지를 방출합니다. 칠흑같이 어두운 우주 속에서 스스로 빛을 내지 못하는 행성은 그림 14-3의 오른쪽 그림과 같이 태양이 방출하는 빛을 받는 부분만 밝게 빛납니다. 우리가 눈으로 밤하늘의 달을 볼 수 있는 것도 달이 태양빛을 반사하기 때문이랍니다.

▲ **그림 14-3** 태양의 모습과 태양빛을 받는 부분만 빛나는 지구와 달(이미지 출처: NASA)

태양의 표면을 **광구**라고 하며, 광구의 평균 온도는 약 6000℃입니다. 광구 아래에서 일어나는 대류 현상 때문에 광구에는 그림 14-4처럼 마치 쌀알을 뿌려놓은 것과 같은 무늬가 끊임없이 움직이는 것이 관찰되는데, 이를 **쌀알 무늬**라고 합니다.

태양의 강한 자기장이 대류 현상을 방해하는 곳에서는 온도가 약 4000℃로 낮아지는데, 온도가 낮아져 어둡게 보이는 지점을 **흑점**이라고 합니다. 태양의 활동이 활발해지는 시기에는 흑점의 수가 증가합니다.

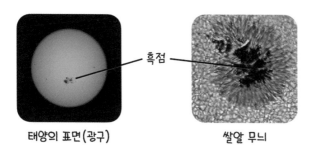

태양의 표면(광구)   쌀알 무늬

▲ **그림 14-4** 태양의 표면(광구)에 나타나는 흑점과 쌀알 무늬(이미지 출처: NASA)

평소에는 태양의 표면이 워낙 밝아 태양의 대기를 관찰하기 어렵지만, 달이 태양의 표면을 완전히 가리는 개기 일식이 일어나면 그림 14-5와 같이 태양의 대기를 볼 수 있습니다.

태양의 대기 중에서 광구 바로 위에 있는 붉은 색의 얇은 대기층을 **채층**이라고 하며, 채층 바깥쪽에 멀리까지 뻗은 진주색의 대기층을 **코로나**라고 합니다.

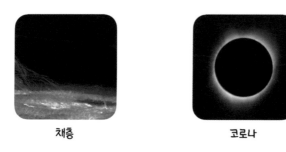

채층   **코로나**

▲ **그림 14-5** 태양의 대기층인 채층과 코로나(이미지 출처: NASA)

태양의 대기에서는 그림 14-6과 같이 홍염과 플레어라는 폭발 현상이 나타납니다. **홍염**은 주로 흑점 주변에서 발생하는 고온의 가스 기둥으로, 온도가 약 10000℃로 매우 높습니다. 그림 14-6의 왼쪽 그림에는 홍염의 크기를 비교하기 위해 홍염 위에 작은 점으로 지구의 크기가 표시되어 있는데, 이를 보면 홍염이 얼마나 거대한 가스 기둥인지 알 수 있습니다.

플레어는 순간적으로 많은 양의 물질과 에너지가 방출되는 폭발 현상으로, 플레어가 발생하면 채층의 일부가 순간적으로 매우 밝아집니다. 홍염과 플레어 모두 흑점 주변에서 발생하며, 태양의 활동이 활발해지면 흑점의 수가 증가하고 홍염과 플레어도 자주 발생하게 됩니다.

 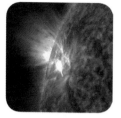

홍염   플레어

▲ **그림 14-6** 태양의 대기에서 발생하는 홍염과 플레어(이미지 출처: NASA)

이러한 태양의 활동은 매번 일정한 것이 아니라 주기적으로 변합니다. 약 11년을 주기로 태양의 활동이 증가했다가 감소하는 현상이 반복되지요. 태양의 활동이 가장 활발해지는 극대기가 되면 흑점 수가 매우 증가하고, 코로나의 크기도 최대가 되며 홍염과 플레어가 자주 나타납니다. 플레어가 많이 발생하면 높은 에너지를 가진 고온의 입자들이 순간적으로 방출되어 지구에 도달하는데, 이러한 입자의 흐름을 **태양풍**이라고 합니다. 태양풍이 강해지면 태양에서 방출된 입자들이 지구 대기와 충돌해 빛을 내는 **오로라** 현상이 자주 발생합니다. 이외에도 태양풍의 영향으로 인공위성의 성능이 저하되거나 대규모 정전이 일어나기도 합니다.

▲ **그림 14-7** 태양풍이 강해지면 지구에서는 오로라 현상이 자주 발생한다.(이미지 출처: NASA)

태양계를 구성하는 행성들의 크기 비교

태양계를 구성하는 행성들의 크기를 비교해 볼까요? 지구의 지름이 약 12,742km정도인데, 지구의 지름을 1.0이라고 했을 때 다른 행성들의 상대적인 크기는 그림 14-8과 같이 나타낼 수 있습니다. 수성과 화성은 지구 크기의 절반 정도이며, 금성은 지구와 크기가 비슷합니다. 해왕성과 천왕성은 지구 크기의 약 4배이며, 토성은 지구의 약 9.4배로 매우 큰 행성입니다. 목성은 지구 크기의 약 11.2배로 태양계 행성 중 가장 큰 행성입니다.

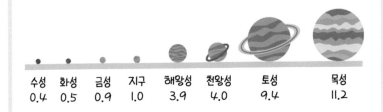

수성	화성	금성	지구	해왕성	천왕성	토성	목성
0.4	0.5	0.9	1.0	3.9	4.0	9.4	11.2

▲ 그림 14-8 태양계를 이루는 행성의 크기 비교

배운 내용 체크하기

✔ 태양 주위를 공전하는 8개의 행성은 ㅈㄱㅎ 행성과 ㅁㅅㅎ 행성으로 분류할 수 있다.

✔ 지구형 행성에는 수성, 금성, 지구, 화성이 있으며 크기와 질량이 작고 (암석, 기체) 성분으로 이루어져 있다.

✔ 목성형 행성에는 목성, 토성, 천왕성, 해왕성이 있으며 크기와 질량이 크고 (암석, 기체) 성분으로 이루어져 있다.

✔ 태양 표면(광구)에는 ㅎㅈ과 ㅆㅇㅁㄴ가 있으며, 태양의 대기는 ㅊㅊ과 ㅋㄹㄴ로 이루어져 있다.

✔ 태양의 대기에서는 ㅎㅇ과 ㅍㄹㅇ가 발생하며, 태양의 활동이 활발해질수록 홍염과 플레어가 자주 나타나고 ㅌㅇㅍ이 강해진다.

4부

식물과 에너지

15장

광합성

QR 코드를 스캔하면 유튜브 강의 영상을 볼 수 있어요!

연계 교과 : 중2 과학 Ⅳ. 식물과 에너지

광합성이란

우리는 살아가는 데 필요한 에너지를 얻기 위해 음식을 섭취합니다. 우리가 먹은 음식이 몸에서 소화 과정을 거치면 **포도당**이라는 형태가 되는데, 포도당을 이용하여 **세포 호흡**이라는 과정이 일어나면 몸에 필요한 에너지가 만들어집니다. 따라서 포도당은 생물이 살아갈 에너지를 만들어내는 데 필요한 매우 중요한 양분입니다.

사람을 포함한 동물들은 음식을 먹거나 다른 생물을 잡아먹음으로써 에너지를 만드는 데 필요한 양분을 얻습니다. 그런데 음식을 먹을 수 없는 식물은 어떻게 양분을 섭취할까요?

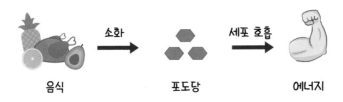

▲ 그림 15-1 포도당은 에너지를 만드는 데 필요한 양분이다.

식물은 음식을 먹지 않고도 스스로 몸 안에서 양분을 만들 수 있는 특별한 능력을 가지고 있습니다. 식물체 안에서는 에너지를 얻기 위해 필요한 양분인 포도당을 직접 만들어내는 과정이 일어나는데, 이를 **광합성**이라고 합니다.

식물이 포도당을 만들기 위해서는 광합성의 재료로 물과 이산화 탄소가 필요합니다. 하지만 재료만 있다고 해서 포도당이 만들어지는 것은 아닙니다. 반드시 빛 에너지가 있어야 광합성이 일어납니다. 빛은 식물이 물과 이산화 탄소를 가지고 포도당을 만들기 위한 에너지를 제공하는 에너지원이기 때문입니다. 또한 광합성을 통해 포도당이 만들어지는 과정에서 산소가 함께 만들어지는데, 물과 이산화 탄소를 재료로 포도당과 산소가 만들어지는 광합성 과정을 그림 15-2와 같이 정리할 수 있습니다.

▲ 그림 15-2 식물의 광합성은 물과 이산화 탄소를 가지고 포도당과 산소를 만드는 과정이다.

광합성에 필요한 조건

광합성은 빛 에너지를 이용해 물과 이산화 탄소로부터 포도당과 산소를 만들어내는 과정입니다. 만약 광합성에 필요한 재료인 물과 이산화 탄소가 없거나, 광합성의 에너지원이 되는 빛이 없다면 광합성은 일어나지 않습니다. 광합성 과정에 이산화 탄소와 빛이 반드시 필요하다는 것을 그림 15-3의 실험을 통해 확인할 수 있습니다.

실험 과정
❶ BTB 용액에 날숨을 불어넣어 노란색으로 만든다.
❷ 시험관 A∼C에 노란색의 BTB 용액을 넣는다.

❸ 시험관 B와 C에는 검정말(식물)을 넣고, 시험관 C는 알루미늄 포일로 감싼다.

❹ 햇빛이 잘 드는 곳에 놔둔 후 색깔 변화를 관찰한다.

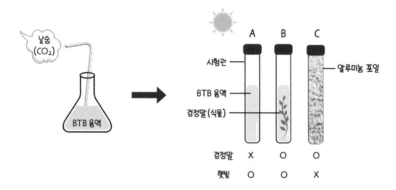

▲ 그림 15-3 광합성에 필요한 조건을 확인하기 위한 실험

 tip! ─────────────────────────────

검정말은 물속에 사는 식물 중 하나로, BTB 용액 속에 넣어도 광합성을 할 수 있습니다.

QnA ●

BTB 용액이란?

물질의 액성(산성, 중성, 염기성)에 따라 색깔이 변하는 용액으로, 산성에서는 노란색, 중성에서는 초록색, 염기성에서는 파란색으로 변합니다. 시험관 속 용액의 액성을 결정짓는 것은 용액 속에 녹아있는 이산화 탄소의 양과 관련이 있습니다. 용액 속에 이산화 탄소의 양이 많을수록 산성을 띠고, 이산화 탄소의 양이 적을수록 염기성을 띱니다. 맨 처음 BTB 용액에 날숨을 불어넣으면, 날숨에 들어있는 이산화 탄소로 인해 BTB 용액이 노란색이 됩니다. 그런데 이산화 탄소는 광합성의 재료이므로 광합성이 일어나는 시험관에서는 이산화 탄소가 소모되고, 이에 따라 그림 15-4와 같이 BTB 용액이 파란색으로 변합니다. 따라서 BTB 용액의 색 변화를 이용하면 어느 시험관에서 광합성이 일어나는지 눈으로 쉽게 확인할 수 있습니다.

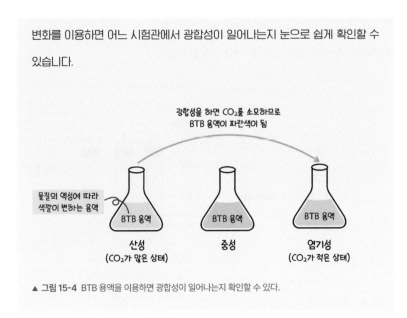

▲ 그림 15-4 BTB 용액을 이용하면 광합성이 일어나는지 확인할 수 있다.

일정 시간 후에 BTB 용액의 색 변화를 관찰하면 그림 15-5와 같이 시험관 B에서만 BTB 용액이 파란색으로 변합니다. 이는 시험관 B에서만 이산화 탄소가 소모되었으며, 곧 시험관 B의 조건에서만 광합성이 일어났다는 것을 의미합니다. 왜 다른 시험관에서는 광합성이 일어나지 않았을까요?

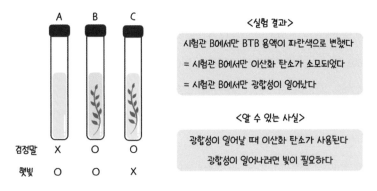

▲ 그림 15-5 실험 결과를 통해 광합성에는 이산화 탄소와 빛이 필요하다는 것을 알 수 있다.

먼저 시험관 A는 광합성을 할 수 있는 식물이 없으므로 광합성이 일어나지 않습니다. 시험관 C는 광합성을 할 수 있는 식물은 있지만, 알루미늄 포일로 인해 햇빛이 차단되어 광합성에 필요한 빛 에너지가 공급되지 않으므로 광합성이 일어나지 않습니다. 그러나 시험관 B는 광합성을 할 수 있는 식물도 있고, 빛 에너지도 공급되므로 광합성이 일어납니다. 결과적으로 광합성이 일어나는 시험관 B에서만 이산화 탄소가 소모되어 BTB 용액의 색이 파란색으로 변하게 됩니다.

이 실험 결과를 통해 광합성 과정에는 이산화 탄소가 사용된다는 것과 광합성이 일어나려면 햇빛이 반드시 필요하다는 것을 알 수 있습니다.

광합성이 일어나는 장소

광합성을 통해 만들어진 포도당은 **녹말**이라는 형태로 바뀌어 저장됩니다. 포도당이 녹말로 바뀌는 이유는 식물체 안에 양분을 저장하기에는 포도당이 적합하지 않기 때문입니다. 포도당은 물에 잘 녹는 성질이 있어서 포도당의 형태로 식물체 안에 저장하면 식물 세포의 농도에 영향을 줄 수 있습니다. 또한 포도당은 다른 물질과도 쉽게 반응해서 오랜 시간 저장하기에는 효율적이지 않습니다. 하지만 녹말은 그림 15-6과 같이 포도당 여러 개가 길게 연결된 덩어리 형태라서 물에 잘 녹지 않으며, 많은 수의 포도당을 저장하는 것보다 녹말의 형태로 묶어서 저장하는 것이 공간적으로도 훨씬 효율적입니다.

포도당　　　　　　　　녹말

▲ 그림 15-6 포도당과 녹말

식물의 세포 안에서 녹말이 저장되는 곳은 **엽록체**이며, 식물의 잎을 현미경으로 관찰하면 그림 15-7과 같이 초록색 알갱이 모양의 엽록체를 관찰할 수 있습니다. 식물의 잎이 초록색을 띠는 이유는 식물 세포 안에 굉장히 많은 수의 엽록체가 있기 때문입니다.

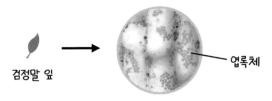

검정말 잎　　　　　　　　　　엽록체

▲ 그림 15-7 식물 세포의 엽록체 (현미경 이미지 출처: 이용구의 현미경 실험실 1.0)

☆ tip! ────────────────────────
엽록체가 초록색을 띠는 이유는 엽록체 안에 '엽록소'라고 하는 초록색 색소가 있기 때문입니다.

식물 세포의 엽록체에서 광합성이 일어나서 포도당이 만들어지며, 포도당은 녹말 형태로 바뀌어 엽록체에 저장됩니다. 엽록체에 저장된 녹말은 '아이오딘-아이오딘화 칼륨'이라는 용액을 이용해 확인할 수 있습니다. 아이오딘-아이오딘화 칼륨 용액은 녹말과 반응하면 청람색(푸른빛을 띤 남색)으로 변하는 성질이 있어서, 엽록체에 떨어뜨리면 엽록체 속 녹말과 반응해 엽록체의 색이 청람색으로 변합니다. 하지만 엽록체에는 초록색 색소인 엽록소가 있어서 색 변화를 관찰하기 어려우므로 그림 15-8과 같이 시험관에 검정말과 에탄올을 넣고 물로 중탕하여 엽록소를 먼저 제거해야 합니다.

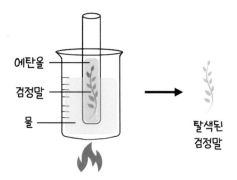

▲ **그림 15-8** 검정말을 에탄올에 넣고 물 중탕하면 엽록소가 제거된다.

탈색된 검정말 잎에 아이오딘-아이오딘화 칼륨 용액을 떨어뜨리고 현미경으로 관찰하면 그림 15-9와 같이 엽록체 부분만 청람색으로 변하는 것을 관찰할 수 있습니다. 엽록체 부분만 청람색으로 색깔이 변한다는 것은 곧 엽록체 안에 녹말이 저장되어 있음을 의미합니다.

이를 통해 식물 세포 안에서 광합성이 일어나는 곳은 엽록체이며, 엽록체 안에서 광합성으로 만들어진 포도당이 녹말 형태로 저장된다는 것을 알 수 있습니다.

청람색으로 변한
엽록체

탈색된
검정말 잎

아이오딘-아이오딘화
칼륨 용액

<실험 결과>
식물 세포의 엽록체가 청람색으로 변했다

<알 수 있는 사실>
광합성으로 만들어진 포도당은 녹말로 저장된다
광합성은 식물 세포의 엽록체에서 일어난다

▲ 그림 15-9 아이오딘-아이오딘화 칼륨 용액과 반응해 청람색으로 변한 엽록체
(현미경 이미지 출처: 이용구의 현미경 실험실 1.0)

 + 더 알아보기

가을에 단풍이 드는 이유

식물의 잎에는 엽록소뿐만 아니라 여러 가지 색소들이 있습니다. 초록색을 나타
내는 색소인 엽록소 외에도 주황색을 나타내는 카로틴과 노란색을 나타내는 크
산토필 등 그 종류가 다양합니다. 하지만 이 색소들이 우리 눈에 매번 보이는 것
은 아닙니다. 식물 세포 안에 엽록소의 수가 가장 많아서 평소에는 다른 색소가
드러나지 않다가 날씨가 추워지는 가을에 엽록소가 파괴되면 다른 색소가 드러
납니다. 엽록소는 온도에 민감하기 때문에 날씨가 추워지면 엽록소가 분해되는
데, 이 과정에서 '안토시아닌'이라는 붉은색 색소가 생성되기도 하며, 엽록소에
가려져 있던 카로틴과 크산토필의 색이 드러나면서 예쁜 가을 단풍 풍경이 만들
어지는 것입니다.

노란색 크산토필

주황색 카로틴

붉은색 안토시아닌

▲ 그림 15-10 식물 세포의 다양한 색소들

✔️ 광합성은 식물이 빛 에너지를 이용해 물과 ⓘⓢⓗⓣⓢ를 가지고 ⓟⓓⓓ과 ⓢⓢ를 만드는 과정이다.

✔️ 광합성은 식물 세포의 ⓘⓡⓒ에서 일어나며, 광합성을 통해 만들어진 포도당은 ⓛⓜ 형태로 저장된다.

정답

1. 이산화 탄소 2. 포도당 3. 산소 4. 엽록체 5. 녹말

16장

광합성에
영향을 주는 요인

QR 코드를 스캔하면 유튜브 강의 영상을 볼 수 있어요!

연계 교과 : 중2 과학 Ⅳ. 식물과 에너지

빛의 세기와 광합성량

15장에서 살펴본 것처럼 식물의 엽록체에서는 빛 에너지를 이용해 물과 이산화 탄소를 가지고 포도당과 산소를 만드는 광합성 과정이 일어납니다. 그림 15-5의 실험에서 빛이 차단된 시험관에서 광합성이 일어나지 않았듯이 광합성 과정에는 빛 에너지가 반드시 필요합니다. 그렇다면 빛의 세기에 따라 광합성량은 어떻게 변할까요? 빛의 세기와 광합성량의 관계는 그림 16-1의 실험을 통해 확인할 수 있습니다.

실험 과정

❶ 표본 병(생물이나 약품 등을 넣는 유리병)에 1% 탄산수소 나트륨 수용액을 채운다.

❷ 검정말을 넣은 깔때기를 표본 병에 거꾸로 세워 넣는다.

❸ 시험관에 1% 탄산수소 나트륨 수용액을 가득 채우고, 입구를 막은 채 거꾸로 세워서 표본 병 속 깔때기 위에 덮어씌운다.

❹ 표본 병으로부터 약 10cm 거리에 LED(발광 다이오드) 전등을 두고 전등의 세기를 조절하면서 시험관 속에 발생하는 기포의 양을 측정한다.

▲ 그림 16-1 빛의 세기와 광합성량의 관계를 알아보기 위한 실험

실험에서 사용하는 탄산수소 나트륨 수용액은 탄산수소 나트륨 ($NaHCO_3$)을 물(H_2O)에 녹인 것으로, 탄산수소 나트륨 수용액 안에서는 화학 반응이 일어나 이산화 탄소가 발생합니다. 따라서 탄산수소 나트륨 수용액은 검정말의 광합성에 필요한 이산화 탄소를 제공하는 중요한 역할을 합니다. 또한, 실험에서 사용한 LED 전등은 식물이 광합성을 할 때 필요한 빛 에너지를 제공하는 역할을 합니다.

☆ **tip!** ────────────────────────────────────

LED 전등 외에 다른 종류의 전등은 빛과 함께 열이 발생하는데, 식물의 광합성은 온도의 영향을 받으므로 정확한 실험을 위해서 열이 발생하지 않는 LED 조명을 사용합니다.

LED 전등의 세기를 증가시키면서 1분 동안 발생하는 산소 기포의 양을 측정하면 그림 16-2와 같은 결과를 얻을 수 있습니다. LED 전등의 세기가 강해질수록 검정말에서 발생하는 산소 기포의 양이 증가하다가, 일정 세기 이상이 되면 발생하는 산소 기포의 양이 일정해집니다.

산소 기포는 검정말의 광합성 과정에서 만들어지는 것이므로 산소 기포의 양이 많을수록 검정말에서 광합성이 활발하게 일어남을 의미합니다. 따라서 그림 16-2의 실험 결과를 통해 초반에는 빛의 세기가 강할수록 광합성이 활발하게 일어나다가 빛이 일정 세기 이상이 되면 광합성량이 더 이상 증가하지 않고 일정하게 유지되는 것을 알 수 있습니다.

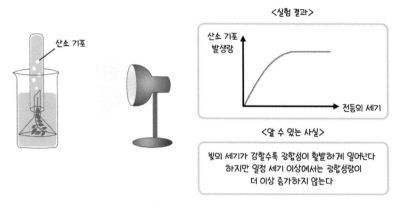

▲ 그림 16-2 빛의 세기와 광합성량의 관계

빛의 세기뿐만 아니라 이산화 탄소의 농도와 광합성량의 관계도 마찬가지입니다. 광합성 과정의 재료가 되는 이산화 탄소의 농도를 증가시키면서 광합성량을 측정하면, 그림 16-3의 오른쪽 그래프와 같이 초반에는 이산화 탄소의 농도가 증가할수록 광합성량이 증가합니다. 하지만 이산화 탄소의 농도가 0.1% 이상이 되면 광합성량이 더 이상 증가하지 않고 일정하게 유지됩니다.

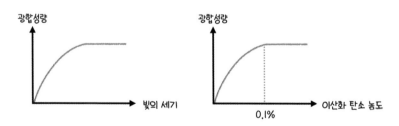

▲ 그림 16-3 빛의 세기와 광합성량, 이산화 탄소의 농도와 광합성량의 관계

광합성량이 계속 증가하지 않는 이유 중 하나는 엽록체 안에서 광합성 과정에 참여하는 엽록소와 효소의 수가 한정되어 있기 때문입니다. 그림

16-4와 같이 빛 에너지를 이용해 물과 이산화 탄소를 가지고 포도당과 산소를 만드는 광합성 과정은 식물 세포의 엽록체에서 일어나며, 엽록체 안에서는 엽록소와 효소가 열심히 광합성 과정에 참여합니다. 광합성의 에너지원이 되는 빛의 세기가 강해지거나, 광합성의 재료가 되는 이산화 탄소의 농도가 증가하면 더 많은 엽록소와 효소가 일을 하므로 초반에는 광합성량이 증가합니다.

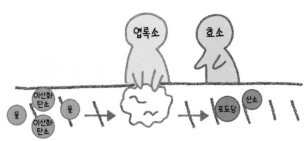

▲ 그림 16-4 광합성은 엽록소와 효소를 통해 일어난다.

그런데 빛의 세기와 이산화 탄소의 농도가 계속 증가하여 그림 16-5와 같이 엽록체 안의 모든 엽록소와 효소가 최대로 일을 하는 상태가 되었다고 해 봅시다. 엽록소와 효소의 수는 한정되어 있으므로, 이후로는 빛의 세기나 이산화 탄소의 농도가 증가하더라도 더 이상 광합성량이 증가할 수 없습니다. 따라서 빛의 세기와 이산화 탄소 농도의 증가에 따라 광합성량이 최대치에 도달한 이후에는 더 이상 광합성량이 증가하지 않습니다.

▲ **그림 16-5** 광합성량이 최대치에 도달한 후에는 더 이상 광합성량이 증가하지 않는다.

온도와 광합성량

식물의 광합성이 활발하게 일어나려면 적절한 빛의 세기와 이산화 탄소의 농도가 유지되어야 합니다. 여기에 추가로 광합성이 활발하게 일어나려면 적절한 온도 조건이 필요합니다. 적절한 빛의 세기와 이산화 탄소 농도가 유지될 때 광합성량은 그림 16-6과 같이 나타나는데, 40℃까지는 온도가 높을수록 광합성량이 증가합니다.

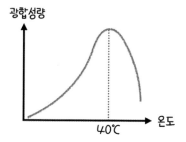

▲ **그림 16-6** 광합성량과 온도의 관계

수박이나 딸기 같이 열매를 수확하는 작물은 보통 비닐하우스에서 기릅니다. 비닐하우스를 통해 따듯한 온도를 유지시켜주면 광합성이 더 활발하게 일어나고, 광합성량이 증가하면 많은 양의 포도당이 생성되므로 더욱 풍성한 열매를 얻을 수 있기 때문입니다.

그런데 그림 16-6의 그래프에서 약 40℃ 이후부터는 온도에 따른 광합성량이 큰 폭으로 감소하는 것을 볼 수 있습니다. 그 이유는 광합성 과정에 참여하는 효소가 높은 온도에서 변성되기 때문입니다. 효소는 온도에 민감해서 35~40℃ 정도의 온도에서는 최대로 활성화되어 광합성량이 최대로 증가하지만, 온도가 40℃ 이상이 되면 성질이 변하면서 광합성에 참여할 수 없게 됩니다. 따라서 온도가 증가할수록 광합성량이 큰 폭으로 오르다가 효소가 변성되는 40℃ 이후로는 광합성량이 급격하게 떨어지는 것입니다.

배운 내용 체크하기

✔ 빛의 세기가 강해질수록 ⓒⓗⓢⓔ이 증가하다가 일정 세기 이상이 되면 광합성량이 더 이상 증가하지 않고 일정하게 유지된다.

✔ ⓞⓢⓗⓔⓢ의 농도가 증가할수록 광합성량이 증가하다가 일정 농도(약 0.1%) 이상이 되면 광합성량이 더 이상 증가하지 않고 일정하게 유지된다.

✔ 온도가 높아질수록 광합성량이 (증가, 감소)하다가 일정 온도(약 40℃) 이상이 되면 광합성량이 급격하게 (증가, 감소)한다.

정 답

1. 광합성량 2. 이산화 탄소 3. 증가 4. 감소

17장

증산 작용

QR 코드를 스캔하면 유튜브 강의 영상을 볼 수 있어요!

연계 교과 : 중2 과학 Ⅳ. 식물과 에너지

증산 작용이란

15장과 16장에서 살펴본 것처럼 식물의 엽록체에서는 빛 에너지를 이용해 물과 이산화 탄소를 가지고 포도당과 산소를 만드는 광합성 과정이 일어납니다. 식물은 광합성에 필요한 물을 그림 17-1과 같이 뿌리를 통해 흡수합니다. 뿌리를 통해 흡수된 물은 줄기를 거쳐 잎으로 올라가며, 잎의 엽록체에서 광합성의 재료로 사용됩니다.

▲ 그림 17-1 뿌리에서 흡수된 물은 줄기를 거쳐 잎으로 이동한다.

그런데 뿌리에서 흡수된 물이 잎에 도달하면 약 5% 정도만 광합성에 사용되고, 나머지 95%는 기체 상태인 수증기가 되어 잎을 통해 공기 중으로 빠져나갑니다. **식물이 흡수한 물이 수증기가 되어 잎을 통해 빠져나가는 현상을 증산 작용**이라고 하며, 식물의 증산 작용은 그림 17-2와 같은 실험을 통해 확인할 수 있습니다.

실험 과정

❶ 눈금 실린더 A~C에 같은 양의 물을 넣고 A에는 잎을 모두 딴 나뭇가지를, B와 C에는 잎이 달린 나뭇가지를 넣는다.

❷ 눈금 실린더 C의 나뭇가지는 비닐봉지로 밀봉한다. 비닐봉지로 밀봉하면 식물의 증산 작용을 통해 잎에서 빠져나온 수증기를 눈으로 확인할 수 있다.

❸ 물이 증발하는 것을 막기 위해 눈금 실린더의 물 위에 식용유를 떨어뜨린다. 식용유를 떨어뜨리면 식용유가 물 위에 막을 형성하여 물의 증발을 막을 수 있다.

❹ 햇빛이 잘 비치는 곳에 두고 일정 시간 후 물의 높이를 관찰한다.

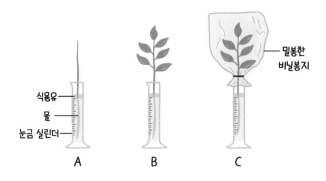

▲ 그림 17-2 식물의 증산 작용을 알아보기 위한 실험

A, B, C를 햇빛이 잘 드는 곳에 두고 일정 시간 후에 관찰하면 그림 17-3과 같은 결과가 나타납니다. A에서는 물의 높이가 변하지 않으며, B에서는 물의 높이가 가장 많이 줄어들고, C에서는 물의 높이가 조금 줄어듭니다. 또한 C에서 밀봉한 비닐봉지 안쪽에 물방울이 맺힌 것을 볼 수 있습니다.

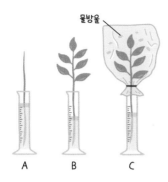

물방울

<실험 결과>
▸ A에서 물의 높이가 줄어들지 않았다
▸ B에서 물의 높이가 가장 많이 줄어들었다
▸ C에서 물의 높이가 조금 줄어들었으며, 비닐봉지 안쪽에
  물방울이 맺혔다

<알 수 있는 사실>
▸ 식물의 잎이 있어야 물을 흡수한다
▸ 식물이 흡수한 물이 수증기가 되어 잎을 통해 빠져나간다
▸ 습도가 높을 때보다 낮을 때 증산 작용이 활발하게 일어난다

A   B   C

▲ 그림 17-3 증산 작용 실험 결과

이 실험에서 물이 줄어든 것은 식물이 물을 흡수하였기 때문입니다. 식물이 물을 흡수하고, 흡수한 물이 수증기가 되어 잎을 통해 빠져나가는 증산 작용이 일어나면 잎에서 부족한 물을 보충하기 위해 다시 줄기에서 물을 흡수합니다. 즉, 증산 작용이 활발하게 일어날수록 식물이 물을 많이 흡수합니다.

그렇다면 A, B, C에서 나타난 결과를 각각 해석해 볼까요? 먼저 A에서는 물이 줄어들지 않았는데, 이는 식물의 잎이 없기 때문입니다. 잎이 없는 A에서는 증산 작용이 일어나지 않으므로 식물이 물을 흡수하지 않습니다. 다음으로 B에서는 물이 가장 많이 줄어들었는데, 잎이 있는 B에서는 증산 작용이 활발하게 일어나므로 잎의 부족한 물을 보충하기 위해 줄기에서 계속 물을 흡수한 것입니다. 마지막으로 C에서는 잎이 있어서 증산 작용이 일어나므로 줄기에서 물을 흡수하지만, 비닐 봉지로 인해 습도가 높아져서 B에서만큼 활발하게 증산 작용이 일어나지 않습니다. 따라서 B보다는 물을 적게 흡수한 것입니다. 또한 C에서 비닐봉지에 안에 물방울이 맺혔는데, 밀봉한 비닐봉지 안에는 외부의 수증기가 들어올 수 없으므로, 비닐봉지에 생긴 물방울은 식물이 흡수한 물이 수증기가 되어 잎을 통해 빠져나갔다가 비닐봉지에 닿아 액화된 것입니다.

A~C에서 나타난 실험 결과를 통해 식물이 물을 흡수하려면 증산 작용이 일어나야 하므로 잎이 있어야 함을 알 수 있습니다. 또한 식물이 흡수한 물이 수증기가 되어 잎을 통해 빠져나갈 수 있으며, 이러한 증산 작용은 습도가 높을 때보다 습도가 낮을 때 활발하게 일어남을 알 수 있습니다.

식물의 증산 작용은 단순히 광합성에 필요한 물을 흡수한다는 것 외에도 중요한 의미가 있습니다. 증산 작용이 일어나서 잎을 통해 수증기가 빠져나가면 잎의 부족한 물을 보충하기 위해 뿌리에서 계속 물을 흡수하므로, 잎에서 일어나는 증산 작용은 뿌리에서 물을 흡수하는 원동력이 됩니다. 또한, 증산 작용이 일어날 때 잎에서 물이 수증기로 기화되면서 열을 흡수하는데, 이를 통해 잎의 온도가 주변보다 낮게 유지됩니다. 식물의 체온이 높아지면 광합성에 관여하는 효소가 높은 온도에서 변성될 위험이 있는데, 증산 작용은 식물의 체온이 높아지는 것을 막아주는 중요한 역할을 합니다.

기공과 공변세포

식물이 흡수한 물의 일부는 광합성에 사용되고 대부분은 증산 작용을 통해 수증기가 되어 잎을 통해 빠져나갑니다. 이러한 증산 작용은 잎의 **기공**에서 일어납니다. 기공이란 잎에 있는 작은 구멍을 뜻하며 기공을 통해 수증기, 이산화 탄소, 수증기 등의 기체가 식물체 안으로 드나듭니다. 식물의 잎은 **표피**라고 하는 얇은 세포막으로 덮여있는데, 잎의 뒷면에서 표피를 벗겨 현미경으로 관찰하면 그림 17-4와 같은 구조를 관찰할 수 있습니다.

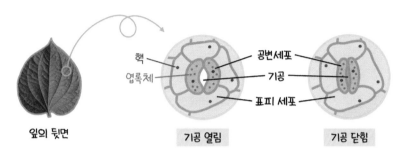

▲ 그림 17-4 표피 세포, 공변세포, 기공의 구조

식물의 표피는 **표피 세포**와 **공변세포**로 이루어져 있으며, 두 개의 공변세포로 둘러싸인 안쪽 구멍이 기공입니다. 표피 세포는 엽록체가 없어서 색깔이 없고 투명하지만, 공변세포는 엽록체가 있어서 초록색을 띱니다. 또한, 공변세포는 팽창과 수축을 하면서 모양이 변하는 특징이 있는데, 그림 17-4와 같이 공변세포의 모양에 따라서 기공이 열리거나 닫히면서 기체의 출입이 조절됩니다. 기공은 주로 광합성을 하는 낮에 열리는데, 기공이 열리면 식물이 흡수한 물이 수증기가 되어 기공을 통해 빠져나가는 증산 작용이 활발하게 일어납니다. 또한, 기공이 열리면 광합성에 필요한 이산화 탄소 기체나 생명 활동에 필요한 산소 기체가 기공을 통해 드나듭니다.

☆ tip! ─────────────────────────────
공변세포에는 표피 세포와 달리 엽록체가 있어서 광합성이 일어납니다.

식물의 종류에 따라 기공의 분포가 다르다

일반적으로 육지에서 자라는 육상 식물은 잎이 수평하게 자랍니다. 이때 기공이 잎의 윗면에 많이 분포할 경우 햇빛에 의해 수분이 손실될 수 있으며, 빗방울이나 포자 가루 등에 의해 막힐 위험이 있습니다. 따라서 육상 식물의 기공은 잎의 윗면보다 아랫면에 많이 분포합니다. 그림 17-4에서 기공을 관찰하기 위해 잎의 뒷면을 벗겨 관찰하는 것도 이러한 이유 때문입니다. 하지만 잎이 거의 수직 방향으로 자라는 옥수수 같은 식물들은 기공이 잎의 앞면과 뒷면에 비슷하게 분포합니다. 또한, 물 위에 떠서 자라는 수련 같은 수생 식물은 잎의 뒷면이 물에 잠기므로 잎의 윗면에만 기공이 분포합니다.

잎이 수평 방향으로
자라는 식물

잎이 수직 방향으로
자라는 식물

▲ 그림 17-5 잎이 수평 방향으로 자라는 식물과 수직 방향으로 자라는 식물

배운 내용 체크하기

✔ 식물이 흡수한 물이 수증기가 되어 잎의 기공을 통해 빠져나가는 것을 ㉈㉉ ㉈㉀이라고 한다.

✔ 증산 작용은 식물의 (뿌리, 줄기)에서 물을 흡수하는 원동력이 된다.

✔ 식물의 표피에는 ㉕㉕ ㉁㉕와 ㉆㉖㉁㉕가 있으며, 공변세포는 표피 세포와는 다르게 ㉤㉹㉣가 있어서 초록색을 띤다.

✔ ㉆㉆은 두 개의 공변세포로 둘러쌓여 있으며, 공변세포의 모양에 따라 기공이 열리거나 닫힌다.

18장

식물의 호흡

───

QR 코드를 스캔하면 유튜브 강의 영상을 볼 수 있어요!

연계 교과 : 중2 과학 Ⅳ. 식물과 에너지

식물의 호흡

살아있는 모든 생물은 호흡을 하며 살아갑니다. 호흡이란 산소를 마시고 이산화 탄소를 내뱉는 과정으로, 모든 생물들은 생명 활동을 위해 반드시 산소를 마셔야 합니다. 그런데 만약 그림 18-1과 같이 밀폐된 공간 속에서 생물이 살아간다면 어떻게 될까요? 쥐와 같은 동물들은 시간이 지날수록 밀폐된 공간 속에 산소가 부족해져서 곧 죽게 될 것입니다. 하지만 식물은 밀폐된 공간 속에서도 꽤 오랫동안 살 수 있습니다. 식물은 광합성을 통해 호흡에 필요한 산소를 만들어낼 수 있기 때문입니다.

▲ 그림 18-1 밀폐된 공간 속 동물과 식물이 있다면?

식물의 광합성은 빛 에너지를 이용해 물과 이산화 탄소를 가지고 포도당과 산소를 만드는 과정입니다. 조금 더 자세히 얘기하면 그림 18-2와 같이 물과 이산화 탄소를 가지고 포도당을 만들면서 포도당에 빛 에너지를 저장하는 과정이며, 이 과정에서 산소가 발생합니다. 즉, 식물의 광합성 과정은 양분(포도당)을 만들어 빛 에너지를 저장하는 과정이며, 이 과정은 식물 세포의 엽록체에서 일어납니다.

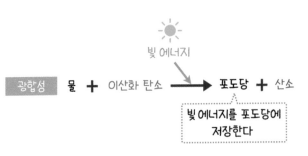

▲ 그림 18-2 식물의 광합성 과정

식물은 광합성 과정을 통해 빛 에너지를 양분에 저장했다가 필요할 때 양분을 분해해 에너지를 꺼내는데, 이 과정을 **세포 호흡** 또는 **호흡**이라고 합니다. 세포 호흡 과정은 그림 18-3과 같이 포도당과 산소를 물과 이산화 탄소로 분해하는 과정인데, 이 과정에서 포도당에 저장된 에너지가 방출되며, 방출된 에너지는 식물의 다양한 생명 활동에 사용됩니다. 세포 호흡 과정을 그림 18-2의 광합성 과정과 비교해 보면 세포 호흡과 광합성은 서로 반대되는 과정임을 알 수 있습니다. 식물의 광합성이 '양분을 만들어 에너지를 저장하는 과정'이라면, 세포 호흡은 '양분을 분해해 저장된 에너지를 꺼내는 과정'이라고 보면 됩니다.

▲ 그림 18-3 식물의 세포 호흡 과정

광합성과 호흡 비교

광합성은 엽록체에서 일어나며, 호흡은 미토콘드리아에서 일어납니다. 엽록체는 그림 18-4와 같이 식물 세포에만 존재하므로 광합성 과정은 식물 세포에서만 일어납니다. 하지만 미토콘드리아는 식물과 동물의 모든 세포에 존재하므로, 호흡 과정은 식물과 동물의 모든 세포에서 일어납니다.

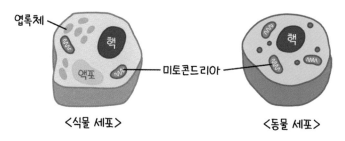

▲ 그림 18-4 엽록체와 미토콘드리아

☆ **tip!** ─────────────────────────────

식물 세포 중에서도 그림 17-4의 표피 세포처럼 엽록체가 없어 광합성을 하지 않는 세포도 있습니다.

또한, 광합성 과정은 햇빛이 있는 낮에만 일어나며 햇빛이 없는 밤에는 일어나지 않습니다. 하지만 호흡은 낮과 밤에 관계없이 항상 일어납니다. 광합성이 일어날 때는 잎의 기공을 통해 광합성에 필요한 이산화 탄소 기체를 흡수하고, 광합성 과정으로 생성된 산소 기체를 방출합니다. 반대로 호흡이 일어날 때는 잎의 기공을 통해 호흡에 필요한 산소 기체를 흡수하고, 호흡을 통해 생성된 이산화 탄소 기체를 방출합니다.

그림 18-5와 같이 햇빛이 강한 낮에는 광합성이 활발하게 일어나므로 호흡량보다 광합성량이 많습니다. 따라서 식물은 낮에 이산화 탄소를 흡수하고 산소를 방출합니다. 반대로 햇빛이 없는 밤에는 광합성이 일어나지 않고 호흡만 일어나므로, 식물은 산소를 흡수하고 이산화 탄소를 방출합니다.

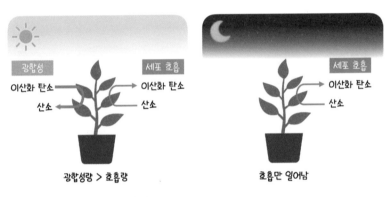

▲ 그림 18-5 낮과 밤의 광합성과 호흡 비교

광합성과 호흡 과정을 그림 18-6과 같이 정리하여 비교해 볼까요? 광합성은 빛 에너지를 이용해 물과 이산화 탄소를 가지고 포도당과 산소를 만드는 과정이며, 광합성이 일어날 때 식물은 이산화 탄소 기체를 흡수하고 산소 기체를 방출합니다. 광합성은 식물 세포의 엽록체에서 일어나므로 엽록체가 있는 세포에서만 일어나며, 광합성에는 빛 에너지가 반드시 필요하므로 빛이 있는 낮에 주로 일어납니다. 식물은 광합성 과정을 통해 양분을 만들어 에너지를 저장합니다.

반면에 호흡은 포도당과 산소를 가지고 물과 이산화 탄소로 분해하여 에너지를 꺼내는 과정이므로, 식물은 호흡이 일어날 때 산소 기체를 흡수하고 이산화 탄소 기체를 방출합니다. 호흡은 세포의 미토콘드리아에서 일어나는데, 미토콘드리아는 모든 세포에 존재하므로 호흡은 살아있는 모든 세포에서 일어납니다. 또한 호흡은 낮과 밤에 관계없이 항상 일어나며, 모든 세포들은 호흡 과정을 통해 저장된 에너지를 꺼내어 생명 활동에 사용합니다.

과정	광합성	세포 호흡
	빛 에너지 물 + 이산화 탄소 ⟶ 포도당 + 산소	에너지 포도당 + 산소 ⟶ 물 + 이산화 탄소
필요한 물질	물, 이산화 탄소	포도당, 산소
생성되는 물질	포도당, 산소	물, 이산화 탄소
기체 교환	이산화 탄소 흡수 / 산소 방출	산소 흡수 / 이산화 탄소 방출
일어나는 장소	엽록체 (특정 세포에만 있음)	미토콘드리아 (모든 세포에 있음)
일어나는 시간	빛이 있을 때 (주로 낮)	항상
에너지	양분을 만들어 에너지를 저장함	양분을 분해하여 에너지를 방출함

▲ 그림 18-6 광합성과 세포 호흡 과정 비교

광합성 양분의 사용

광합성 과정을 통해 만들어진 양분은 용도에 따라 다양한 형태로 전환됩니다. 앞서 그림 15-6에서 살펴본 것처럼 광합성을 통해 맨 처음 만들어지는 양분의 형태는 포도당인데, 포도당은 녹말 형태로 바뀌어 저장됩니다.

식물의 여러 세포들이 호흡을 통해 양분을 분해해 에너지를 얻을 수 있도록 엽록체에 저장된 녹말을 다른 식물의 기관으로 운반해야 하는데, 이때 녹말이 설탕 형태로 바뀌어 운반됩니다. 설탕은 포도당과 과당(포도당과 분자식은 같지만 구조가 다른 형태)이 결합한 것으로, 물에 잘 녹는 성질 이 있어서 식물의 체관을 통해 줄기, 뿌리, 열매 등 다양한 곳으로 운반됩니다.

포도당	녹말	설탕
광합성을 통해 처음 만들어지는 형태	엽록체에 저장되는 형태	체관을 통해 운반되는 형태

▲ 그림 18-7 양분의 다양한 형태

식물체 곳곳에 운반된 양분은 세포 호흡의 에너지원이 되어 식물의 각 기 관에서 에너지를 얻는 데 사용됩니다. 또한, 양분은 식물체를 구성하는 성분이 되어 식물이 자라는 생장 과정에도 사용됩니다. 이렇게 식물의 다 양한 생명 활동에 사용되고 남은 양분은 녹말, 지방, 단백질 등의 형태로 바뀌어 뿌리, 줄기, 열매, 씨 등에 저장되는데, 이는 다른 생물이 섭취할 수 있는 중요한 에너지원이 됩니다.

✔ 식물은 Ⓢ Ⓟ Ⓗ Ⓗ 과정을 통해 포도당과 산소를 물과 이산화 탄소로 분해하며 필요한 Ⓞ Ⓝ Ⓙ 를 얻는다.

✔ Ⓖ Ⓗ Ⓢ 은 양분을 만들어 에너지를 저장하는 과정이며, Ⓢ Ⓟ Ⓗ Ⓗ 은 양분을 분해해 에너지를 얻는 과정이다.

✔ 광합성을 통해 만들어진 양분은 세포 호흡의 에너지원과 식물의 구성 성분으로 사용되며, 사용하고 남은 양분은 뿌리, 줄기, 열매 등에 Ⓙ Ⓙ 된다.

정답

1. 세포 호흡 2. 에너지 3. 광합성 4. 세포 호흡 5. 저장

5부

동물과
에너지

19장

동물의 구성 단계

QR 코드를 스캔하면 유튜브 강의 영상을 볼 수 있어요!

연계 교과 : 중2 과학 Ⅴ. 동물과 에너지

우리 몸의 기관계

우리 몸에는 그림 19-1과 같이 심장, 간, 소장, 대장, 이자, 눈, 코, 입 등 매우 다양한 기관들이 있습니다. 각 기관들은 각자의 고유한 기능을 수행하고 서로 협력하며 일을 합니다.

예를 들어 간과 이자에서는 우리가 먹은 음식물을 분해할 수 있는 물질을 만들고, 소장에서는 간과 이자에서 만든 물질을 이용해 음식을 분해하고 영양소를 흡수하는 등 각자의 기능을 수행하면서 서로 협력하고 있습니다.

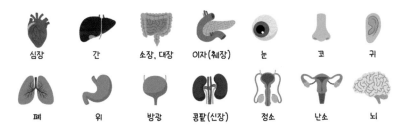

| 심장 | 간 | 소장, 대장 | 이자(췌장) | 눈 | 코 | 귀 |
| 폐 | 위 | 방광 | 콩팥(신장) | 정소 | 난소 | 뇌 |

▲ 그림 19-1 사람의 몸을 구성하는 다양한 기관들

간, 이자, 소장이 음식물을 분해하는 것과 관련된 일을 하듯이 우리 몸에서 서로 관련된 기능을 하는 기관들을 모아보면 그림 19-2, 그림 19-3과 같이 분류할 수 있습니다. **서로 연관된 기능을 하는 기관들이 모인 것을 기관계**라고 하며, 각 기관계의 기능에 따라 소화계, 순환계, 호흡계, 배설계 등으로 나눌 수 있습니다.

소화계는 음식을 소화시켜 영양소를 흡수하는 기능을 하며, 간, 소장, 대장, 이자, 위 등이 속합니다. **순환계**는 혈액을 순환시키며 혈액 속 물질을 운반하는 기능을 하며, 심장과 혈관 등이 속합니다. **호흡계**는 호흡 운동을 통해 산소와 이산화 탄소 기체를 교환하는 기능을 하며, 폐와 코 등이 속합니다. **배설계**는 오줌을 만들어 몸속 노폐물을 배설하는 기능을 하며, 방광과 콩팥 등이 속합니다.

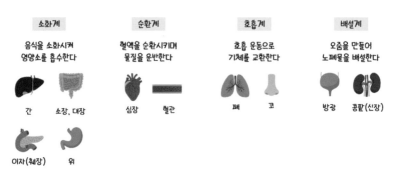

▲ 그림 19-2 소화계, 순환계, 호흡계, 배설계의 기능

이외에도 사람의 기관계에는 그림 19-3과 같이 정자와 난자를 만들어 번식 기능을 담당하는 **생식계**, 외부의 자극을 받아들이는 **감각계**, 외부 자극을 판단하고 적절한 신호를 내려 전달하는 **신경계**, 몸을 지탱하는 **골격계** 등이 있습니다.

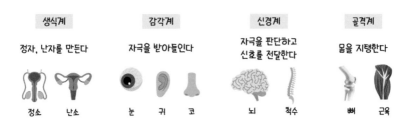

▲ 그림 19-3 생식계, 감각계, 신경계, 골격계의 기능

동물의 구성 단계

우리 몸을 구성하는 기관은 여러 가지 **조직**으로 이루어져 있습니다. 예를 들어 위는 그림 19-4와 같이 상피 조직, 근육 조직, 신경 조직 등으로 이루어져 있죠. 조직이란 모양과 기능이 같은 **세포**들이 모여 구성된 것으로, 상피 조직은 상피 세포들로, 근육 조직은 근육 세포들로, 신경 조직은 신경 세포들로 구성된 것입니다. 상피 조직은 몸의 표면이나 내벽을 덮어 몸을 보호하는 역할을 하며, 근육 조직은 내장 기관이나 몸의 근육을 구성해 움직이는 역할을 하고, 신경 조직은 자극을 전달하는 역할을 합니다. 이처럼 하나의 기관은 여러 기능을 하는 조직들이 모여 이루어진 것이며, 조직은 모양과 기능이 같은 세포들이 모여 이루어집니다.

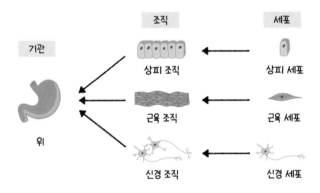

▲ 그림 19-4 기관은 조직으로, 조직은 세포로 이루어져 있다.

세포로부터 조직이 만들어지고, 조직으로부터 기관이 만들어져 결국 하나의 개체를 이루는데, 세포에서 시작하여 하나의 개체가 이루어지는 단계를 그림으로 나타내면 그림 19-5와 같습니다.

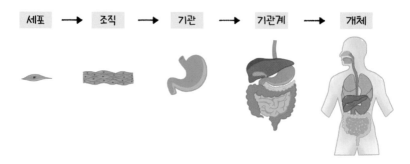

▲ 그림 **19-5** 동물의 구성 단계

모양과 기능이 같은 **세포**들이 모여 **조직**을 이루고, 다양한 기능을 하는 조직이 모여 **기관**을 이루고, 서로 관련된 기능을 하는 기관들이 모여 **기관계**를 이룹니다. 그리고 모든 기관계가 모여 하나의 **개체**가 됩니다. 결국 하나의 개체는 작은 세포에서 시작된 것이므로, 세포를 '생물체를 구성하는 기본 단위'라고 합니다. 사람을 포함한 동물은 이와 같이 세포, 조직, 기관, 기관계, 개체의 단계로 구성되어 있습니다.

+ 더 알아보기

식물의 구성 단계

식물을 구성하는 기관으로는 뿌리, 줄기, 잎, 꽃, 열매 등이 있으며, 기관들이 모여 식물(개체)을 이룹니다. 식물은 동물처럼 다양한 기관이 있지 않으므로 기관계는 없지만, 식물은 여러 조직이 모여 공통된 기능을 하는 '조직계'라는 단계가 있습니다. 따라서 식물은 세포, 조직, 조직계, 기관, 개체의 단계로 구성되어 있습니다.

배운 내용 체크하기

✔ 서로 관련된 기능을 하는 기관들이 모인 것을 ㉠㉠㉠라고 하며, 사람의 기관계에는 소화계, 순환계, 호흡계, 배설계 등이 있다.

✔ 동물은 세포, 조직, 기관, 기관계, 개체의 단계로 이루어져 있으며, 생물체를 구성하는 기본 단위는 ㉯㉰이다.

정답 ────────────────────────────────

1. 기관계 2. 세포

20장

소화계

QR 코드를 스캔하면 유튜브 강의 영상을 볼 수 있어요!

연계 교과 : 중2 과학 Ⅴ. 동물과 에너지

영양소

우리가 먹는 음식에는 탄수화물, 단백질, 지방, 비타민 등 다양한 영양소가 들어 있습니다. 음식에 들어 있는 영양소는 우리 몸을 구성하는 중요한 성분이 되며, 몸에서 필요한 에너지를 얻는 중요한 에너지원이 됩니다. 영양소의 종류에는 탄수화물, 단백질, 지방, 무기염류, 비타민, 물 등이 있으며, 각 영양소의 특징을 그림 20-1과 같이 정리할 수 있습니다.

	몸을 구성하는 성분	에너지원으로 사용	주요 특징	많이 들어있는 음식
탄수화물	O 구성 비율은 매우 낮음	O 1g당 4kcal	• 세포 호흡의 주에너지원 • 포도당, 녹말, 설탕, 과당, 엿당 등	밥, 감자, 빵 등
단백질	O 근육, 머리카락 등	O 1g당 4kcal	• 효소와 호르몬의 주성분	육류, 생선, 달걀 등
지방	O 세포막, 지방층 등	O 1g당 9kcal	• 지방층에 저장되어 체온을 유지	버터, 식용유 등
무기염류	O 뼈, 치아, 혈액 등	X	• 나트륨, 칼슘, 칼륨, 철 등 • 몸의 다양한 기능을 조절	우유, 견과류, 채소 등
비타민	X	X	• 몸의 생리 작용 조절부 • 부족하면 결핍증이 나타남 • 비타민 A, B, C, D, E 등	과일, 채소 등
물	O 혈액, 림프액 등	X	• 몸의 70% 차지 • 영양소와 노폐물 운반	

▲ 그림 20-1 영양소의 종류와 특징

탄수화물은 몸을 구성하는 성분이지만, 구성 비율은 1% 이하로 매우 낮습니다. 그 이유는 세포 호흡을 통해 에너지를 얻는 과정에서 탄수화물이 주에너지원으로 많이 소모되기 때문입니다. 탄수화물의 종류에는 포도당, 녹말, 설탕, 과당 등이 모두 포함됩니다.

☆ tip! ────────────────────────

세포 호흡에 대한 자세한 내용은 24장에서 배워요.

단백질은 근육과 머리카락 등을 구성하는 성분으로, 세포 호흡 과정의 에너지원으로도 사용됩니다. 또한, 단백질은 몸의 여러 가지 기능을 조절하는 효소와 호르몬의 주성분이므로 몸이 성장하는 데 반드시 필요합니다.

지방은 세포막과 지방층 등을 구성하는 성분으로, 세포 호흡 과정의 에너지원으로도 사용됩니다. 세포 호흡의 에너지원으로 사용될 때 탄수화물이나 단백질은 1g당 4kcal의 에너지를 내는데, 지방은 1g당 9kcal로 가장 많은 에너지를 낼 수 있습니다.

무기염류는 뼈, 치아, 혈액 등을 구성하는 성분으로 나트륨, 칼슘, 칼륨, 철 등이 이에 해당합니다. 무기염류는 에너지원으로 사용되지는 않지만, 몸의 다양한 기능을 조절하는 중요한 영양소입니다.

비타민은 몸을 구성하는 성분도 아니고, 에너지원으로도 사용되지 않지만 몸의 다양한 생리 작용을 조절하는 역할을 합니다. 비타민에는 비타민 A, 비타민B, 비타민C 등 다양한 종류가 있으며, 비타민이 부족할 경우 잇몸에서 피가 나는 괴혈병이나 뼈의 변형이 생기는 구루병 같은 결핍증이 나타납니다.

마지막으로 **물**은 혈액과 림프액을 구성하는 성분으로 몸의 약 70%를 차지하며, 영양소와 노폐물 등을 운반하는 기능을 합니다.

QnA

녹말, 포도당, 설탕, 과당, 엿당은 어떤 차이가 있나요?

탄수화물에는 녹말, 포도당, 설탕, 과당, 엿당 등 다양한 종류가 있으며, 그 구조를 간단히 나타내면 그림 20-2와 같습니다. 가장 기본적인 구조는 포도당이며, 엿당은 포도당 2개가 결합한 형태입니다. 과당은 포도당과 분자식은 같으나 구조가 다른 형태이며, 설탕은 포도당과 과당이 결합한 형태입니다. 녹말은 포도당이 수천 개에서 많게는 수백만 개까지 길게 연결된 구조이며, 사람이 섭취하는 음식에 들어 있는 탄수화물은 대부분 녹말 형태입니다.

| 포도당 | 엿당 | 과당 | 설탕 | 녹말 |

▲ 그림 20-2 포도당, 엿당, 과당, 설탕, 녹말의 형태 비교

영양소 검출 방법

음식에 들어 있는 탄수화물, 단백질, 지방 같은 **영양소를 확인하는 것을 검출**이라고 합니다. 탄수화물, 단백질, 지방 등의 영양소는 특정 시약과 반응해 독특한 색깔을 나타내는데, 이러한 반응을 이용해 음식에 들어 있는 영양소의 종류를 확인할 수 있습니다.

탄수화물의 한 종류인 녹말과 포도당은 그림 20-3과 같이 아이오딘-아이오딘화 칼륨 용액과 베네딕트 용액을 이용해 검출할 수 있습니다. 녹말은 아이오딘-아이오딘화 칼륨 용액과 반응해 청람색으로 변하는 성질이 있고, 포도당은 베네딕트 용액과 반응해 황적색으로 변하는 성질이 있습니다. 다만 포도당의 색깔 변화는 시간이 오래 걸리기 때문에 가열을 해 주면 색 변화를 빠르게 볼 수 있습니다.

▲ 그림 20-3 녹말과 포도당의 검출 반응

단백질과 지방은 그림 20-4와 같이 뷰렛 용액과 수단Ⅲ 용액을 이용해 검출할 수 있습니다. 뷰렛 용액은 5% 수산화 나트륨 수용액과 1% 황산 구리(Ⅱ) 수용액을 섞은 것으로, 단백질은 뷰렛 용액과 반응해 보라색으로 변하는 성질이 있습니다. 지방은 수단Ⅲ 용액과 반응해 선홍색으로 변하는 성질이 있는데, 수단Ⅲ 용액 자체가 붉은색이라서 지방과의 반응을 통해 나타나는 색을 구별하기 어렵습니다. 따라서 지방 용액과 함께 증류수를 넣은 후 수단Ⅲ 용액을 넣어서 증류수의 색 변화와 지방의 색 변화를 비교해서 관찰합니다.

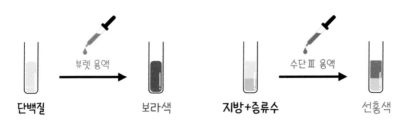

▲ 그림 20-4 단백질과 지방의 검출 반응

이와 같은 방법으로 어떤 물질에 아이오딘-아이오딘화 칼륨 용액, 베네딕트 용액, 뷰렛 용액 등의 검출 시약을 떨어뜨렸을 때 특정한 색이 나타나는지를 확인함으로써 그 물질에 들어 있는 영양소를 확인할 수 있습니다.

소화 효소

음식에 들어 있는 탄수화물, 단백질, 지방 등의 영양소는 우리 몸에 흡수되어 세포 호흡의 에너지원으로 사용됩니다. 영양소가 몸속에 흡수되어 세포 호흡에 사용되려면 세포막을 통과할 정도로 크기가 작아야 합니다. 하지만 음식에 들어 있는 탄수화물, 단백질, 지방의 형태는 크기가 커서 세포막을 통과할 수 없으므로, 큰 영양소를 작게 분해하는 과정이 필요합니다. 크기가 큰 영양소를 크기가 작은 영양소로 분해하는 과정을 **소화**라고 하며, 영양소를 분해하는 역할은 **소화 효소**라는 물질이 담당합니다.

소화 효소는 그림 20-5와 같이 가위에 비유할 수 있습니다. 크기가 큰 영양소를 세포막에 흡수될 수 있는 작은 크기로 자르는 역할을 하기 때문입니다. 먼저 탄수화물 중 크기가 큰 녹말은 **아밀레이스**라는 소화 효소에 의해 엿당으로 분해되며, 엿당은 또 다른 소화 효소에 의해 포도당으로 분해됩니다. 녹말이 소화 효소에 의해 포도당으로 최종 분해되면 세포막을 통과해 체내로 흡수됩니다.

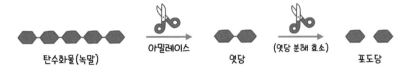

▲ 그림 20-5 탄수화물의 분해 과정

단백질은 그림 20-6과 같이 **펩신**이라는 소화 효소에 의해 중간 크기의 단백질로 분해되며, 이후 **트립신**과 또 다른 단백질 분해 효소에 의해 아미노산 형태로 분해됩니다. 단백질이 소화 효소에 의해 아미노산으로 최종 분해되면 세포막을 통과해 체내로 흡수됩니다.

▲ 그림 20-6 단백질의 분해 과정

마지막으로 지방은 그림 20-7과 같이 **쓸개즙**이라는 물질과 **라이페이스**라는 소화 효소에 의해 지방산과 모노글리세리드로 분해됩니다. 쓸개즙은 지방의 분해를 도와주는 물질로, 뭉쳐 있는 지방 덩어리들을 떨어뜨려 놓는 작용을 해서 지방이 라이페이스에 의해 분해되는 것을 도와줍니다. 다만 쓸개즙은 영양소를 직접 분해하는 기능을 하는 것은 아니므로 소화 효소는 아닙니다. 지방이 쓸개즙과 라이페이스에 의해 지방산과 모노글리세리드의 형태로 최종 분해되면 세포막을 통과해 체내로 흡수됩니다.

▲ 그림 20-7 지방의 분해 과정

앞에서 살펴본 아밀레이스, 펩신, 라이페이스 등의 소화 효소들은 반드시 정해진 특정 영양소만을 분해할 수 있습니다. 예를 들어 아밀레이스는 녹말을 엿당으로만 분해할 수 있으며, 단백질이나 지방을 분해하지 못합니다. 이렇게 **소화 효소가 특정한 물질(기질)에만 반응해 작용하는 것을 기질 특이성**이라고 합니다. 또한, 소화 효소는 음식이 소화관을 지날 때 특정 장소에서만 분비됩니다. 여기서 소화관이란 입, 식도, 위, 소장, 대장, 항문으로 연결되는 긴 관을 의미하며, 음식이 소화관을 따라 이동하는 것을 그림 20-8과 같이 나타낼 수 있습니다.

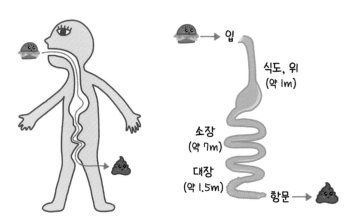

▲ 그림 20-8 음식이 소화관을 지나면서 영양소의 소화 및 흡수가 일어난다.

그림이 조금 기괴하게 느껴질 수도 있지만, 사실 음식이 이동하는 통로인 소화관은 몸의 외부이며, 음식으로부터 영양소가 분해되어 체내로 흡수되어야 몸의 내부로 들어오는 것입니다. 입으로 들어온 음식이 식도, 위, 소장, 대장까지 약 10m 정도 되는 어마어마한 길이의 소화관을 지나는 동안 특정한 장소에서 소화 효소가 분비되어 영양소가 분해됩니다. 작게 분해된 영양소는 체내로 흡수되며, 영양소가 모두 흡수되고 남은 찌꺼기는 항문을 통해 배출됩니다.

영양소의 소화 과정

영양소의 종류와 소화 효소에 대해 알아보았으니 이제 본격적으로 음식이 소화관을 지나면서 소화 효소에 의해 분해되는 과정을 살펴봅시다. 먼저 그림 20-9를 볼까요? 간, 쓸개, 이자는 음식이 지나가는 소화관은 아니지만, 영양소의 소화 과정에서 중요한 역할을 하므로 소화계에 속하는 기관입니다.

간은 여러 가지 기능이 있지만, 소화 과정과 관련해서 쓸개즙을 만드는 기능을 합니다. 간에서 생성된 쓸개즙은 간의 아래쪽에 있는 **쓸개**에 저장되었다가 소장으로 분비되어 지방의 분해를 도와줍니다. 흔히 쓸개즙이 쓸개에서 생성되는 것으로 오해하는 경우가 있는데, 쓸개는 간에서 생성된 쓸개즙을 잠시 저장했다가 분비하는 기능을 합니다. **이자**는 이자액이라는 물질을 만들어서 소장으로 분비하는데, 이자액은 녹말을 분해하는 아밀레이스, 단백질을 분해하는 트립신, 지방을 분해하는 라이페이스가 모두 들어 있는 매우 중요한 물질입니다.

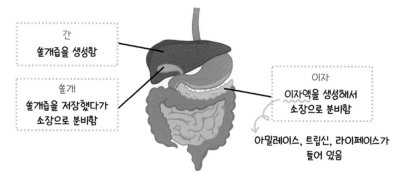

▲ 그림 20-9 간, 쓸개, 이자의 기능

입으로 들어온 음식이 식도, 위, 소장, 대장 등의 소화관을 지나며 분해되는 과정을 그림 20-10과 같이 나타낼 수 있습니다.

먼저 ①입에서는 치아를 이용해 음식물을 잘게 부수고, 침에 들어 있는 소화 효소인 **아밀레이스**가 녹말을 엿당으로 분해합니다. 하지만 음식이 입에 머무는 시간은 그리 길지 않으므로 입에서 모든 녹말이 엿당으로 분해되지는 않습니다.

입에서 분해된 음식물은 ②식도를 따라 위로 이동하며, ③위에서는 위액을 분비해 단백질을 분해합니다. 위액에는 펩신과 염산이 들어 있는데, 염산은 강한 산성을 띠는 물질로 세균의 번식을 억제하며 단백질을 분해하는 소화 효소인 펩신을 도와주는 역할을 합니다. 위에서는 단백질이 **펩신**과 **염산**에 의해 중간 크기의 단백질로 분해된 후 소장으로 이동합니다.

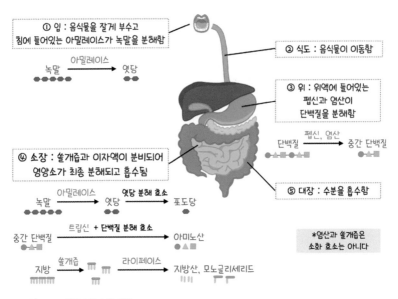

▲ 그림 20-10 영양소의 소화 과정

④소장에서는 쓸개즙과 이자액이 분비되는데, 이자액에는 소화 효소인 아밀레이스, 트립신, 라이페이스가 모두 들어 있어서 모든 영양소가 최종 분해됩니다. 먼저 아밀레이스는 침에 들어 있는 소화 효소와 동일하며, 입에서 미처 분해되지 못하고 내려온 녹말이 아밀레이스에 의해 모두 엿당으로 분해됩니다.

이후 엿당을 분해하는 효소에 의해 포도당으로 최종 분해됩니다. 위에서 분해되어 내려온 중간 크기의 단백질은 트립신에 의해 분해되며, 이후 또 다른 단백질 분해 효소에 의해 아미노산의 형태로 최종 분해됩니다.

지방은 소장에서 처음 분해가 일어나는데, 쓸개즙이 뭉쳐있는 지방 덩어리들을 떨어뜨려 놓으면 라이페이스가 지방을 지방산과 모노글리세리드로 최종 분해합니다.

소장에서 최종적으로 분해된 포도당, 아미노산, 지방산과 모노글리세리드는 소장 내벽의 세포막을 통과하여 몸속으로 흡수됩니다. 소장의 안쪽은 주름이 매우 많으며, 그림 20-11과 같이 **융털**이라고 하는 돌기들이 무수히 많은 구조입니다. 이처럼 주름진 구조와 수많은 융털 구조로 인해 소장 내벽은 영양소를 흡수할 수 있는 표면적이 매우 넓어 영양소를 효율적으로 흡수할 수 있습니다.

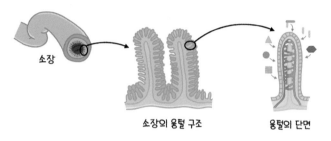

소장

소장의 융털 구조

융털의 단면

▲ 그림 20-11 소장 내벽의 융털 구조

소장에서 모든 영양소가 흡수된 후 남은 찌꺼기는 대장으로 이동하는데, 대장에서는 수분을 흡수하고 나머지는 항문을 통해 몸 밖으로 배출합니다. 이러한 과정을 통해 음식물 속 크기가 큰 영양소들은 작게 분해되어 몸속으로 흡수되며, 흡수된 영양소는 우리 몸의 에너지를 만드는 데 필요한 에너지원이 됩니다.

마지막으로 소화 과정에서 영양소가 분해되는 장소와 소화 효소 등을 그림 20-12와 같이 정리할 수 있습니다. 화살표 위에는 소화 효소와 효소가 들어있는 물질을, 화살표 아래는 소화 효소가 분비되는 장소를 나타낸 것입니다.

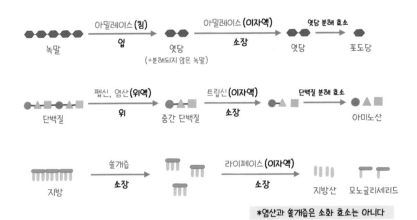

▲ 그림 20-12 영양소의 분해 과정 정리

배운 내용 체크하기

✔ 탄수화물, 단백질, 지방, 무기염류 등의 ⊙⊙ㅅ들은 우리 몸을 구성하거나 에너지원으로 사용된다.

✔ 녹말, 포도당, 단백질, 지방은 각각 아이오딘-아이오딘화 칼륨 용액, 베네딕트 용액, 뷰렛 용액, 수단Ⅲ 용액을 이용해 검출할 수 있다.

✔ 탄수화물, 단백질, 지방은 소화관을 지나면서 각각 ⊙ㅁㄹ⊙ㅅ, ㅍㅅ과 ㅌㄹㅅ, ㄹ⊙ㅍ⊙ㅅ에 의해 작은 크기의 영양소로 분해된다.

✔ 소장의 내벽은 ⊙ㅌ 구조로 되어 있어서 영양소를 흡수하기에 효율적이다.

21장

순환계

QR 코드를 스캔하면 유튜브 강의 영상을 볼 수 있어요!

연계 교과 : 중2 과학 Ⅴ. 동물과 에너지

심장의 구조

순환계는 심장과 혈관 등의 기관으로 이루어져 있으며, 혈액을 통해 여러 가지 물질을 온몸에 운반하는 기능을 합니다.

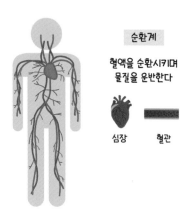

▲ 그림 21-1 순환계를 구성하는 심장과 혈관

몸의 중심에 위치한 심장은 주먹 크기 정도의 작은 주머니처럼 생겼으며 근육이 있어 스스로 수축과 이완을 하며 혈관을 통해 온몸으로 혈액을 내보냅니다. 심장의 내부 구조를 살펴보면 그림 21-2와 같이 우심방, 좌심방, 우심실, 좌심실의 4개의 공간으로 분리되어 있습니다. 각 공간의 이름을 붙이는 방법을 그림 21-2에 나타내었는데, 먼저 심장의 가운데를 기준으로 왼쪽은 '좌', 오른쪽은 '우'로 정합니다. 이때 왼쪽과 오른쪽을 정하는 기준은 심장을 바라보는 내가 아닌, 심장을 가지고 있는 그림 속 사람을 기준으로 합니다. 예를 들어 내가 의사이고, 그림 속 사람이 환자라면 환자를 기준으로 왼쪽과 오른쪽을 정하는 것입니다. 환자는 왼쪽 심장에 이상이 있는데, 의사가 바라보는 기준으로 왼쪽(환자에게는 오른쪽)을 수술하면 큰일나겠죠?

다음으로 심장의 위쪽은 '방', 아래쪽은 '실'로 정합니다. 어떤 공간을 나타낼 때 안방, 주방과 같이 '방'이라는 단어와 화장실, 교실과 같이 '실'이라는 단어를 사용하는데, 심장의 이름을 붙일 때도 위쪽은 방, 아래쪽은 실을 붙여서 구분합니다. 이렇게 좌, 우, 방, 실을 종합하면 심장의 왼쪽 위는 좌심방, 왼쪽 아래는 좌심실, 오른쪽 위는 우심방, 오른쪽 아래는 우심실이 됩니다.

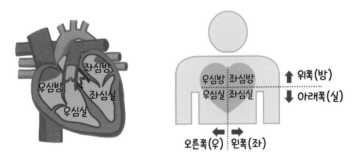

▲ 그림 21-2 심장의 4개의 공간을 구분하는 방법

심장 내에서 혈액은 그림 21-3과 같은 방향으로 이동합니다. ①정맥에서 심방으로 혈액이 들어오면 ②심방에서 심실로 혈액을 내려 보내고 ③심실에서 동맥으로 다시 혈액을 내보냅니다. 즉, **심방**은 혈액이 들어오는 곳이며, **심실**은 혈액을 내보내는 곳입니다. 따라서 심실은 온몸으로 혈액을 내보낼 만한 강한 힘이 필요하므로 심실이 심방보다 두꺼운 근육으로 되어 있습니다.

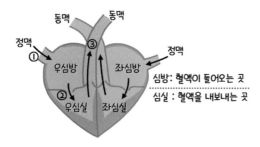

동맥 동맥

정맥   정맥

① 우심방 ③ 좌심방

② 우심실 좌심실

심방: 혈액이 들어오는 곳

심실 : 혈액을 내보내는 곳

▲ 그림 21-3 심방과 심실에서의 혈액의 흐름

심장에 연결된 혈관에는 정맥과 동맥이 있습니다. 심방에 연결된 혈관을 **정맥**이라고 하며, 심실에 연결된 혈관을 **동맥**이라고 합니다. 즉, 정맥에는 심장으로 들어가는 혈액이, 동맥에는 심장에서 나가는 혈액이 흐릅니다. 또한 심방과 심실, 심실과 동맥 사이에는 **판막**이라고 하는 구조가 있는데, 판막은 혈액이 심방→심실→동맥의 방향으로만 흐르게 하는 중요한 역할을 합니다. 그림 21-4와 같이 혈액이 심방→심실→동맥의 방향으로 흐를 때는 판막이 열려 있지만, 심실에서 심방으로 혈액이 흐르거나 동맥에서 심실로 혈액이 흐르려고 하면 판막이 닫힙니다. 이렇게 판막이 열리고 닫히면서 혈액이 일정한 방향으로만 흐르게 됩니다.

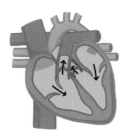

판막이 열림
(혈액이 정상 방향으로 흐를 때)
*그림처럼 판막 4개가 동시에 열리는 경우는 없음

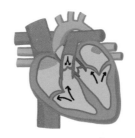

판막이 닫힘
(혈액이 역류하는 것을 막음)

▲ 그림 21-4 판막의 역할

혈관의 종류와 특징

동맥과 정맥은 **모세 혈관**을 통해 서로 연결되어 있습니다. 그림 21-5와
같이 심실에서 나간 혈액이 동맥을 따라 흐르다가 모세 혈관에서 온몸의
세포와 여러 가지 물질을 교환한 후 정맥을 따라 심방으로 들어옵니다.
심실이 동맥으로 혈액을 내보낼 때 강한 수축이 일어나는데, 동맥은 심실
이 수축할 때 발생하는 높은 압력을 견디기 위해 혈관벽이 두껍고 탄력성
이 강한 구조로 되어 있습니다.

모세 혈관은 동맥과 정맥을 연결하는 혈관으로, 온몸에 그물처럼 퍼져 있
습니다. 모세 혈관에서는 혈액 속의 산소, 영양소 등의 물질이 세포로 전
달되며, 세포에서 발생한 노폐물이 혈액으로 전달되는 등 여러 가지 물
질 교환이 일어납니다. 모세 혈관은 다른 혈관에 비해 혈관벽이 매우 얇
아 혈관 안팎으로 물질이 쉽게 이동할 수 있어서 이러한 물질 교환에 매
우 적합한 구조입니다.

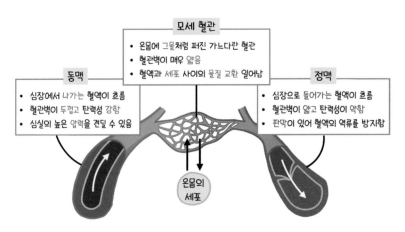

▲ 그림 21-5 동맥, 모세 혈관, 정맥의 특징

혈액과 온몸의 세포 사이에 물질 교환이 일어난 후 정맥을 통해 혈액이 다시 심장으로 들어갑니다. 정맥은 동맥에 비해 혈관벽이 얇고 탄력성이 약하며, 혈액이 심장으로 들어갈 때는 속도가 느려지므로 간혹 혈액이 역류할 위험이 있습니다. 혈액의 역류를 방지하기 위해 정맥의 혈관 중간중간에는 그림 21-5와 같이 판막이 존재합니다.

혈액의 구성 성분

혈관에 흐르는 혈액은 액체인 혈장과 고체인 혈구로 이루어져 있으며, 혈구에는 적혈구, 백혈구, 혈소판이 있습니다. 사람의 혈액을 뽑아 원심분리기로 분리해 보면 그림 21-6과 같이 위에는 액체 성분인 혈장이, 아래에는 고체 성분인 백혈구, 혈소판, 적혈구로 나뉩니다.

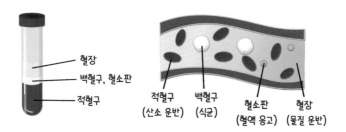

▲ 그림 21-6 혈액의 구성 성분인 혈장, 적혈구, 백혈구, 혈소판의 모양과 기능

혈액을 구성하는 성분들의 특징을 간단히 살펴볼까요? 먼저 **적혈구**는 가운데가 오목한 원반 모양으로, 헤모글로빈이라는 붉은 색소가 들어 있어서 붉은색을 띱니다. 혈액이 붉게 보이는 것도 혈액 속에 적혈구의 수가

가장 많기 때문입니다. 적혈구는 산소가 많은 폐에서 산소와 결합한 뒤 혈액을 타고 이동하다가 혈액이 부족한 세포들에게 산소를 나눠주는 산소 운반 작용을 합니다.

백혈구는 혈구 중 크기가 가장 크고 혈구 중에서 유일하게 핵이 있는 것이 특징입니다. 백혈구는 몸속에 세균이 침입하면 세균을 잡아먹는 식균 작용을 함으로써 몸을 보호하는 역할을 합니다.

혈소판은 혈구 중 크기가 가장 작으며, 몸에 출혈이 발생했을 때 혈액을 응고시켜 출혈을 멈추게 하는 역할을 합니다.

마지막으로 **혈장**은 대부분 물로 이루어져 있으며, 영양소와 노폐물, 이산화 탄소 등을 운반하는 역할을 합니다.

혈액 순환 과정

심실에서 혈액을 내보내면 동맥을 타고 모세 혈관으로 이동해 세포들과 물질을 교환한 후 정맥을 타고 심방으로 돌아옵니다. 이와 같이 우리 몸에서 혈액이 순환하는 과정을 그림으로 나타내면 그림 21-7과 같습니다.

먼저 **좌심실**을 출발점으로 삼아 혈액이 순환하는 과정을 살펴봅시다. 좌심실은 동맥과 연결되어 있는데, 좌심실과 연결된 동맥은 온몸의 기관들과 연결되어 있는 가장 큰 동맥이라서 **대동맥**이라고 부릅니다. 좌심실에서 내보낸 혈액이 대동맥을 따라 이동하다가 **온몸의 모세 혈관**에서 물질 교환이 일어나는데, 모세 혈관으로부터 세포들에게 산소와 영양소를 전달하고, 세포에서 발생한 이산화 탄소와 노폐물을 받아옵니다. 이산화 탄소와 노폐물을 받은 혈액은 **대정맥**을 따라 이동해 우심방으로 들어옵니다. **우심방**으로 들어온 혈액은 **우심실**로 내려간 후 다시 동맥으로 나가는데, 이때 우심실과 연결된 동맥은 폐와 연결되어 있는 동맥이라서 **폐동맥**이라고 부릅니다. 우심실에서 내보낸 혈액은 폐동맥을 따라 이동하다가 **폐의 모세 혈관**에서 물질 교환이 일어나는데, 온몸에 있는 세포에게 받은 이산화 탄소를 폐를 통해 몸 밖으로 배출하도록 전달하고, 폐로부터 산소를 받습니다. 산소를 받은 혈액은 **폐정맥**을 따라 **좌심방**으로 들어오며, 좌심방에 들어온 혈액은 **좌심실**로 내려가 방금 전과 같은 순환 과정을 반복합니다.

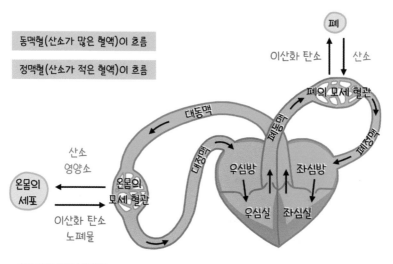

▲ 그림 21-7 혈액 순환 과정

그림 21-7의 혈액 순환 과정에서 빨간색과 파란색으로 구분해 표시한 것은 혈액 속 산소량이 많은 혈액과 적은 혈액을 구분하기 위해서입니다. 폐의 모세 혈관에서 폐로부터 산소를 받아 폐정맥, 좌심방, 좌심실, 대동

맥을 거쳐 온몸의 세포에게 나눠주기까지는 산소량이 풍부한 혈액이 흐릅니다. 산소가 풍부한 혈액을 **동맥혈**이라고 하며, 동맥혈은 선홍색을 띠는 특징이 있습니다.

반면에 온몸의 세포로부터 이산화 탄소를 받아서 대정맥, 우심방, 우심실, 폐동맥을 거쳐 폐를 통해 배출하기까지는 동맥혈에 비해 산소량이 적은 혈액이 흐릅니다. 동맥혈에 비해 산소량이 적은 혈액을 **정맥혈**이라고 하며, 정맥혈은 동맥혈보다는 어두운 암적색을 띠는 특징이 있어 흔히 그림 21-7과 같이 파란색으로 나타냅니다.

혈액 순환 과정은 그림 21-8과 같은 방법으로도 나타낼 수 있습니다. 혈액이 좌심실에서 출발해 대동맥, 온몸의 모세 혈관, 대정맥을 거쳐 우심방으로 들어오는 과정을 **온몸 순환**이라고 하며, 혈액이 우심실에서 출발해 폐동맥, 폐의 모세 혈관, 폐정맥을 거쳐 좌심방으로 들어오는 과정을 **폐 순환**이라고 합니다.

▲ 그림 21-8 온몸 순환과 폐 순환

동맥혈과 정맥혈의 차이점

흔히 동맥에는 동맥혈이 흐르고, 정맥에는 정맥혈이 흐른다고 생각하기 쉽습니다. 하지만 폐동맥에는 정맥혈이, 폐정맥에는 동맥혈이 흐르므로 동맥혈과 정맥혈은 이름으로 구분하기보다는 혈액 순환 과정을 생각하여 구분해야 합니다. 폐로부터 산소를 받아 온몸의 세포에게 나누어 주기까지는 산소가 풍부한 동맥혈이, 온몸의 세포로부터 이산화 탄소를 받아 폐로 전달하기까지는 산소가 부족한 정맥혈이 흐릅니다. 온몸 순환과 폐 순환이 계속 연결되면서 혈액을 타고 산소, 이산화 탄소, 영양소, 노폐물 등의 물질들이 운반됩니다.

또한, 동맥혈에는 산소만 있고 정맥혈에는 이산화 탄소만 있다고 오해하는 경우가 있습니다. 동맥혈과 정맥혈에는 산소와 이산화 탄소가 모두 있으며, 산소의 양은 항상 이산화 탄소의 양보다 많습니다. 다만 동맥혈과 정맥혈의 산소의 양을 비교했을 때 동맥혈에 산소가 더 풍부한 것입니다.

✔ 심장은 좌심실, 좌심방, 우심실, 우심방 4개의 공간으로 이루어져 있으며, ㅅㅅ은 혈액을 내보내는 곳, ㅅㅂ은 혈액이 들어오는 곳이다.

✔ 혈관의 종류로는 심장에서 나가는 혈액이 흐르는 ㄷㅁ, 심장으로 들어오는 혈액이 흐르는 ㅈㅁ, 동맥과 정맥을 연결하며 물질 교환이 일어나는 ㅁㅅㅎㄱ이 있다.

✔ 혈액은 액체인 혈장과 고체인 적혈구, 백혈구, 혈소판으로 이루어져 있다.

✔ 혈액은 좌심실-대동맥-온몸의 모세 혈관-대정맥-우심방-우심실-폐동맥-폐의 모세 혈관-폐정맥-좌심방의 경로로 끊임없이 ㅅㅎ한다.

정답 ─────────────────────────────

1. 심실 2. 심방 3. 동맥 4. 정맥 5. 모세 혈관 6. 순환

22장

호흡계

QR 코드를 스캔하면 유튜브 강의 영상을 볼 수 있어요!

연계 교과 : 중2 과학 Ⅴ. 동물과 에너지

호흡 기관의 구조와 기능

호흡계는 코, 기관, 기관지, 폐, 갈비뼈, 가로막 등의 기관으로 이루어져 있습니다. 호흡계는 외부의 산소 기체를 흡수해 몸속 혈액에 전달하고, 혈액 속 이산화 탄소 기체를 몸 밖으로 배출하는 역할을 합니다. 이러한 과정은 들숨과 날숨이라는 호흡 운동을 통해 일어나며, 호흡 운동은 갈비뼈와 가로막에 의해 만들어집니다. 그림 22-1과 같이 폐는 갈비뼈와 가로막이라는 근육으로 둘러싸여 있는데, 갈비뼈와 가로막이 위아래로 움직이며 폐의 부피를 변화시키면서 호흡 운동이 일어납니다.

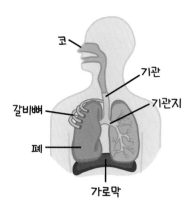

▲ 그림 22-1 호흡계를 이루는 기관들

숨을 들이마시면 산소 기체가 코를 통해 들어와 기관을 따라 이동해 기관지에서 양쪽 폐로 갈라집니다. 기관지의 끝에는 그림 22-2와 같이 **폐포**라고 하는 작은 공기 주머니들이 연결되어 있습니다. 폐포는 폐를 구성하는 수억 개의 작은 공기 주머니로, 모세 혈관으로 둘러싸여 있어서 폐포와 혈액 사이에 물질 교환이 일어납니다. 기관지를 통해 들어온 산소 기체는 폐포를 통해 모세 혈관으로 전달되고, 모세 혈관 속 이산화 탄소 기체는 폐포를 통해 기관지로 이동합니다. 폐포는 하나의 큰 공기 주머니가 아닌 여러 개의 작은 공기 주머니로 되어 있어서 모세 혈관과 닿는 표면적이 매우 넓습니다. 폐포의 이러한 구조 덕분에 모세 혈관과 폐포 사이에서 많은 양의 기체를 효율적으로 교환할 수 있습니다.

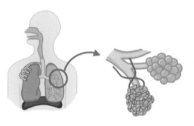

폐포

- 폐를 구성하는 수억 개의 작은 공기 주머니
- 모세 혈관과 기체를 교환함
- 표면적이 넓어서 많은 양의 기체를 효율적으로 교환할 수 있음

▲ 그림 22-2 폐포의 구조와 특징

호흡 운동 과정

호흡계의 구조를 간단히 살펴보았으니 본격적으로 호흡이 일어나는 원리에 대해 알아볼까요? 호흡 운동의 원리는 그림 22-3의 모형을 이용하면 쉽게 이해할 수 있습니다. 그림 속 모형은 Y모양으로 생긴 유리관 양쪽에 풍선이 연결되어 있고, 유리병과 고무 막으로 둘러싸인 구조입니다. 이 모형을 사람의 호흡 기관에 비유할 수 있는데, 유리관은 기관과 기관지에, 풍선은 폐에, 고무 막은 가로막에 해당합니다. 유리병 속 공간은 흉강에 해당합니다. 흉강은 그림 22-3에서 파란색 점선으로 표시된 갈비뼈와 가로막으로 둘러싸인 공간입니다.

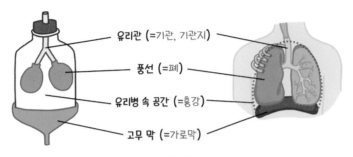

- 유리관 (=기관, 기관지)
- 풍선 (=폐)
- 유리병 속 공간 (=흉강)
- 고무 막 (=가로막)

▲ 그림 22-3 호흡 운동의 원리를 알아보기 위한 모형

그림 22-4와 같이 모형의 고무 막을 아래로 당기면 유리관에 연결된 풍선이 부풀고 고무 막을 놓으면 풍선이 쪼그라듭니다. 이처럼 고무 막을 아래로 당기면서 풍선이 부푸는 것은 숨을 들이마시는 들숨 과정에 해당하며, 반대로 고무 막을 놓으면서 풍선이 쪼그라드는 것은 숨을 내쉬는 날숨 과정에 해당합니다. 굉장히 간단한 실험이지만, 이 모형에서 고무 막을 당겨 풍선이 부푸는 원리가 실제 호흡 운동의 원리와 굉장히 유사합니다. 그렇다면 고무 막을 당길 때 어떤 원리로 풍선이 부푸는 것일까요?

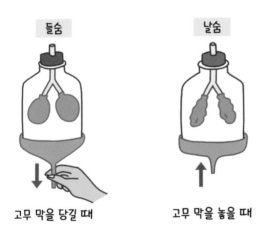

들숨

날숨

고무 막을 당길 때

고무 막을 놓을 때

▲ 그림 22-4 모형을 이용한 들숨과 날숨 표현

풍선이 부푸는 원리를 이해하려면 먼저 다음 두 가지 내용을 알아야 합니다.

❶ (다른 조건이 일정할 때) 기체의 압력은 부피에 반비례한다.
❷ 기체는 압력이 높은 곳에서 압력이 낮은 곳으로 이동한다.

기체 입자들은 매우 활발하게 움직이면서 벽면에 부딪히는데, 그림 22-5와 같이 기체 입자들이 벽면에 부딪히면서 벽면을 누르는 힘을 기체의 압력이라고 합니다. 이해를 돕기 위해 기체 입자들을 활발히 뛰어노는 아이들에 비유해 봅시다. 공간이 좁을수록 아이들이 벽에 더 많이 부딪힐 것이고, 공간이 넓을수록 아이들이 부딪히는 횟수가 줄어들 것입니다. 온도 등의 외부 조건이 동일하다면 기체 입자들도 기체가 차지하는 공간의 부피가 좁아질수록 기체가 벽면에 가하는 압력이 증가하고, 기체가 차지하는 공간의 부피가 늘어날수록 기체의 압력은 감소합니다. 즉, 기체의 압력은 부피에 반비례합니다.

부피가 감소 ⬇ 하면
압력은 증가 ⬆ 한다

부피가 증가 ⬆ 하면
압력은 감소 ⬇ 한다

▲ 그림 22-5 기체의 부피와 압력의 관계

또한, 기체는 그림 22-6과 같이 압력이 높은 곳에서 압력이 낮은 곳으로 이동합니다. 예를 들어 기체 입자가 많아 압력이 높은 곳과 기체 입자가 적어 압력이 낮은 곳이 서로 연결되어 있다면, 압력이 높은 곳에서 낮은 곳으로 기체 입자들이 이동하면서 압력이 서로 같아집니다.

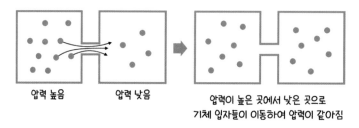

▲ 그림 22-6 기체는 압력이 높은 곳에서 낮은 곳으로 이동한다.

이와 같이 기체의 압력은 부피에 반비례하므로 폐의 부피가 변함에 따라 폐의 압력이 변할 것입니다. 폐의 압력이 변해서 폐 내부와 몸 밖의 압력 차이가 발생하면 압력이 높은 곳에서 낮은 곳으로 기체가 이동하는데, 이러한 과정을 통해 공기가 폐로 들어오기도 하고 나가기도 하는 것입니다. 폐의 부피 변화로 인해 공기가 이동하는 과정을 앞에서 소개한 모형을 이용해 자세히 살펴봅시다. ①그림 22-7과 같이 고무 막을 아래로 당기면 당긴 만큼 유리병 속 공간의 부피가 증가하면서 유리병 속 압력이 감소합니다. 이에 따라 ②유리병 속의 기체 입자들이 풍선을 누르고 있던 힘(그림 22-7의 파란색 화살표)이 줄어들면서 풍선의 부피가 증가합니다. 풍선의 부피가 증가하면서 풍선 내부의 압력이 외부의 대기압보다 낮아지면, ③상대적으로 압력이 높은 외부에서 압력이 낮은 풍선 안으로 기체 입자들이 들어오게 됩니다.

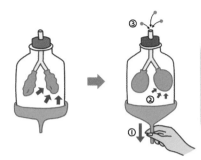

고무 막을 아래로 당길 때
→ 유리병 속 부피가 증가함
→ 풍선의 부피가 증가함
→ 풍선 내부의 압력이 낮아짐
→ 외부에서 풍선으로 공기가 들어옴

▲ 그림 22-7 고무 막을 당길 때 공기가 풍선으로 들어오는 원리

반대로 당겼던 고무 막을 다시 놓으면 ①유리병 속 공간의 부피가 다시 감소하면서 유리병 속 압력이 증가합니다. 이에 따라 ②유리병 속의 기체 입자들이 풍선을 누르는 힘이 다시 증가하면서 풍선의 부피가 줄어들게 됩니다. 풍선의 부피가 줄어들면서 풍선 내부의 압력이 외부의 대기압보다 높아지면, ③상대적으로 압력이 높은 풍선 안의 기체 입자들이 유리관을 따라 밖으로 나가게 됩니다. 이와 같은 과정을 통해 고무 막을 아래로 당기거나 놓으면, 풍선의 부피가 변하면서 풍선 안과 유리병 바깥의 압력 차이로 인해 공기가 풍선 안으로 들어오거나 나가는 것입니다.

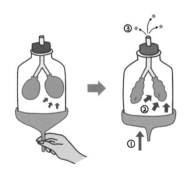

고무 막을 다시 놓을 때
→ 유리병 속 부피가 감소함
→ 풍선의 부피가 감소함
→ 풍선 내부의 압력이 높아짐
→ 풍선에서 외부로 공기가 나감

▲ 그림 22-8 고무 막을 놓을 때 공기가 풍선에서 밖으로 나가는 원리

여기서 중요한 점은 고무 막으로 인해 풍선의 부피가 변하면서 공기가 이동한 것이지, 공기가 이동해서 풍선의 부피가 변한 것이 아니라는 점입니다. 즉, 공기가 들어와서 풍선이 부푸는 것이 아니라, 풍선이 부풀어서 공기가 들어오는 것입니다.

실제 우리가 호흡하는 원리도 마찬가지입니다. 숨을 들이마실 때 우리가 입으로 공기를 빨아들여서 폐가 부푼다고 오해하는 경우가 있는데, 폐가 부풀면서 압력 차이로 인해 공기가 폐로 들어오는 것이지 공기를 빨아들여서 폐가 부푸는 것이 아니랍니다.

실제로 호흡을 할 때는 모형에서처럼 가로막만 움직이는 것이 아니라 갈비뼈도 함께 움직입니다. 갈비뼈 사이에는 근육이 있어서 근육의 움직임에 따라 갈비뼈가 벌어지거나 오므라들 수 있습니다. 숨을 들이마실 때는 그림 22-9의 왼쪽 그림과 같이 갈비뼈가 올라가고 가로막이 내려가면서 흉강과 폐의 부피가 커집니다. 반대로 숨을 내쉴 때는 갈비뼈가 내려가고 가로막이 올라가면서 흉강과 폐의 부피가 작아집니다. 이렇게 갈비뼈와 가로막이 위아래로 움직이는 상하 운동에 의해 흉강과 폐의 부피가 조절됩니다.

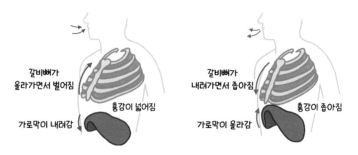

갈비뼈가
올라가면서 벌어짐

흉강이 넓어짐

가로막이 내려감

갈비뼈가
내려가면서 좁아짐

흉강이 좁아짐

가로막이 올라감

▲ 그림 22-9 갈비뼈와 가로막의 상하 운동

갈비뼈와 가로막의 상하 운동에 의해 호흡이 일어나는 과정을 그림 22-10과 같이 정리할 수 있습니다. 먼저 숨을 들이마시는 원리를 알아봅시다. 갈비뼈가 올라가고 가로막이 내려가면서 흉강의 부피가 커지고, 이에 따라 폐의 부피가 커지면서 폐 내부의 압력이 감소합니다. 폐 내부의 압력이 감소하다가 대기압보다 낮아지게 되면 상대적으로 압력이 높은 외부의 공기가 폐 속으로 들어오게 됩니다.

반대로 숨을 내쉴 때는 갈비뼈가 내려가고 가로막이 올라가면서 흉강의 부피가 작아집니다. 이에 따라 폐의 부피가 작아지면서 폐 내부의 압력이 증가합니다. 폐 내부의 압력이 증가하다가 대기압보다 높아지면 상대적으로 압력이 높은 폐 속의 공기가 밖으로 빠져나가게 됩니다.

	갈비뼈	가로막	흉강의 부피	폐의 부피	폐 내부 압력	공기 이동
들숨 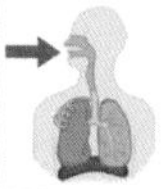	올라감	내려감	부피 증가	부피 증가	압력 감소	외부➡폐
날숨 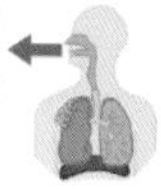	내려감	올라감	부피 감소	부피 감소	압력 증가	폐➡외부

▲ 그림 22-10 호흡이 일어나는 과정

내호흡과 외호흡

우리는 들숨을 통해 산소 기체를 마시고, 날숨을 통해 이산화 탄소 기체를 내뱉습니다. 들숨을 통해 폐로 들어온 **산소 기체**는 폐의 모세 혈관에 전달되고, 그림 22-11의 빨간색으로 표시한 경로를 통해 심장을 지나 온몸의 모세 혈관으로부터 온몸의 세포에게 전달됩니다. 반면에 **이산화 탄소 기체**는 온몸의 세포에서 온몸의 모세 혈관으로 전달된 후, 파란색으로 표시한 경로를 통해 심장을 지나 폐의 모세 혈관으로부터 폐로 전달되어 날숨을 통해 몸 밖으로 배출됩니다.

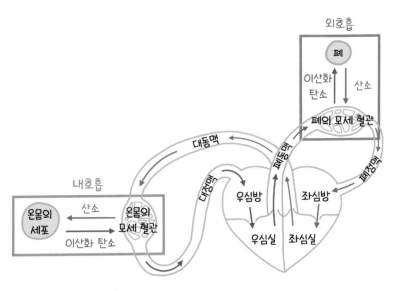

▲ 그림 22-11 내호흡과 외호흡

이와 같이 우리 몸속에서 산소 기체와 이산화 탄소 기체를 주고받는 모든 과정을 **호흡**이라고 하며, 호흡을 통해 주고받은 기체들은 순환계를 통해 운반됩니다. 그림 22-11에는 21장에서 살펴본 혈액 순환 과정 중에서 호흡이 일어나는 두 곳을 표시하였는데, 폐와 폐의 모세 혈관 사이에서, 더 정확히는 **폐포와 폐포를 둘러싼 모세 혈관** 사이에서 산소와 이산화 탄소 기체를 교환하는 것을 **외호흡**이라고 하며, **온몸의 세포와 온몸의 모세 혈관** 사이에서 산소와 이산화 탄소 기체를 교환하는 것을 **내호흡**이라고 합니다.

내호흡과 외호흡 과정을 그림 22-12와 같이 표현할 수 있습니다. 내호흡은 온몸의 세포가 모세 혈관으로부터 산소 기체를 받고, 온몸의 세포에서 발생한 이산화 탄소 기체를 모세 혈관에 전달하는 과정입니다. 외호흡은 폐포가 폐포를 둘러싼 모세 혈관에 산소 기체를 전달하고, 모세 혈관으로부터 이산화 탄소 기체를 받는 과정입니다.

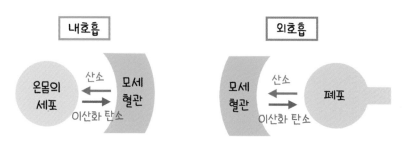

▲ 그림 22-12 내호흡과 외오흡에서 기체 교환 과정

그림 22-13에는 산소 기체와 이산화 탄소 기체의 이동 경로를 함께 나타내었는데, 이를 통해 내호흡과 외호흡이 서로 연결된 과정임을 알 수 있습니다. 들숨으로 산소 기체가 몸 밖에서 **폐포**로 들어와서 폐포를 둘러싼 **모세 혈관**으로 전달되는 외호흡 과정이 일어나고, 모세 혈관으로 전달된 산소가 **폐정맥**을 통해 **심장**으로 이동한 후 **대동맥**을 통해 온몸의 모세 혈

관으로 이동합니다. 이후 온몸의 모세 혈관으로부터 **온몸의 세포**로 산소
가 전달되는 내호흡 과정이 일어나며, 이 과정을 통해 몸 밖에 있던 산소
기체가 온몸의 세포로 전달됩니다.

이산화 탄소 기체는 온몸의 세포가 여러가지 일을 하면 발생하는데, 이산
화 탄소 기체가 많으면 산소 기체의 공급을 방해하므로 반드시 몸 밖으로
배출해야 합니다. 이산화 탄소 기체가 **온몸의 세포**로부터 **온몸의 모세 혈
관**으로 전달되는 내호흡 과정이 일어나고, 모세 혈관으로 전달된 이산화
탄소가 **대정맥**을 통해 **심장**으로 이동한 후 **폐동맥**을 통해 폐포를 둘러싼
모세 혈관으로 이동합니다. 이후 모세 혈관으로부터 **폐포**로 이산화 탄소
가 전달되는 외호흡 과정이 일어나며, 이 과정을 통해 몸속에 있던 이산
화 탄소 기체가 몸 밖으로 배출됩니다.

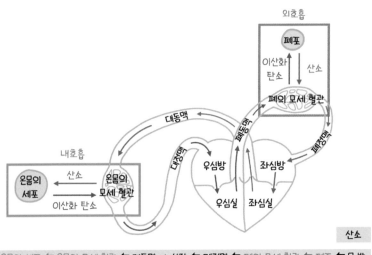

산소

온몸의 세포 ⬅ 온몸의 모세 혈관 ⬅ 대동맥 ➡ 심장 ⬅ 폐정맥 ⬅ 폐의 모세 혈관 ⬅ 폐포 ⬅ 몸 밖

온몸의 세포 ➡ 온몸의 모세 혈관 ➡ 대정맥 ➡ 심장 ➡ 폐동맥 ➡ 폐의 모세 혈관 ➡ 폐포 ➡ 몸 밖

이산화 탄소

▲ 그림 22-13 산소 기체와 이산화 탄소 기체의 이동 과정

결국 호흡계는 들숨을 통해 온몸의 세포에게 필요한 산소 기체를 전달하고, 온몸의 세포에서 발생한 이산화 탄소 기체를 날숨을 통해 배출하는 일을 하는 것입니다. 또한, 순환계는 혈액을 통해 산소 기체와 이산화 탄소 기체를 운반하는 일을 하면서 호흡계와 협력적으로 작용합니다.

✔ 호흡계는 코, 기관, 기관지, 폐, 가로막 등으로 이루어져 있으며, 호흡 운동을 통해 몸속에 필요한 ⓈⓈ 기체를 흡수하고, 몸에서 발생한 ⒪ⓈⒽⓉⓈ 기체를 배출한다.

✔ 폐는 수억 개의 작은 공기 주머니인 ⓅⓅ로 이루어져 있어서 매우 효율적으로 기체를 교환할 수 있다.

✔ 들숨과 날숨의 호흡 운동은 갈비뼈와 가로막의 ⓈⒽ 운동에 의해 조절된다.

✔ ⒪ⒽⒽ은 폐포와 폐포를 둘러싼 모세 혈관 사이에서 기체를 교환하는 과정이며, ⒧ⒽⒽ은 온몸의 세포와 세포를 둘러싼 모세 혈관 사이에서 기체를 교환하는 과정이다.

정답 ─────────────────────────────────

1. 산소 2. 이산화 탄소 3. 폐포 4. 상하 5. 외호흡 6. 내호흡

23장

배설계

QR 코드를 스캔하면 유튜브 강의 영상을 볼 수 있어요!

연계 교과 : 중2 과학 V. 동물과 에너지

배설 기관의 구조와 기능

배설계는 그림 23-1과 같이 콩팥, 오줌관, 방광, 요도 등의 기관으로 이루어져 있으며, 우리 몸에서 여러 가지 생명 활동을 통해 생성된 노폐물을 몸 밖으로 배설하는 일을 합니다. 먼저 콩팥은 콩과 팥의 모양을 닮아서 붙여진 이름으로, 신장이라고도 합니다. 콩팥은 허리 뒤쪽 좌우에 2개가 있으며, 콩팥 동맥과 콩팥 정맥이라는 혈관과 연결되어 있습니다. 동맥은 심장에서 나가는 혈관, 정맥은 심장으로 들어오는 혈관을 의미하는데, 각각 콩팥과 연결되어 있어서 콩팥 동맥과 콩팥 정맥이라고 합니다. **콩팥 동맥**에 흐르는 혈액에는 노폐물이 들어 있는데, 노폐물이 콩팥 동맥을 통해 **콩팥**으로 이동하면, 콩팥에서 노폐물을 걸러 오줌을 만듭니다. 오줌은 **오줌관**을 통해 **방광**으로 모인 후 **요도**를 통해 몸 밖으로 배설되고, 노폐물이 제거된 혈액은 **콩팥 정맥**을 통해 심장으로 들어갑니다.

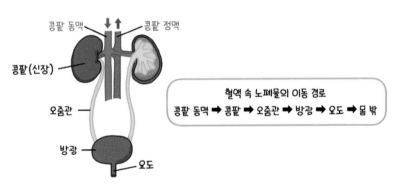

▲ 그림 23-1 배설계의 구조와 혈액 속 노폐물의 이동 경로

콩팥의 내부에는 **네프론**이라고 하는 작은 단위체들이 약 100만 개 정도 있습니다. 네프론은 그림 23-2와 같이 사구체, 보먼 주머니, 세뇨관으로 이루어져 있습니다. **사구체**는 콩팥 동맥과 연결된 모세 혈관이 실타래처럼 뭉쳐 있는 형태로, 혈관에 작은 구멍들이 있어서 콩팥 동맥 속 물질들이 혈관을 통과할 수 있습니다. **보먼 주머니**는 사구체를 감싸고 있는 주머니인데 사구체에서 혈관을 통과한 물질들이 여기로 모입니다. 그리고 **세뇨관**은 보먼 주머니에 연결된 관으로, 모세 혈관으로 둘러 싸여 있어서 모세 혈관과 세뇨관 사이에 물질 교환이 일어납니다. 모세 혈관과 물질 교환을 통해 세뇨관에는 노폐물만 최종적으로 남게 되고, 노폐물은 오줌이 되어 세뇨관에서 오줌관으로 이동합니다. 이와 같이 콩팥 동맥 속 노폐물은 콩팥에 들어온 후 네프론을 구성하는 사구체, 보먼 주머니, 세뇨관을 따라 이동하며 오줌이 됩니다.

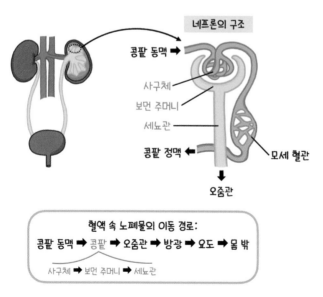

▲ **그림 23-2** 네프론의 구조와 혈액 속 노폐물의 이동 경로

노폐물 배설 과정

네프론에서는 어떻게 혈액 속 물질 중에서 노폐물만 걸러 오줌을 만들까요? 네프론에서 오줌을 만드는 과정은 크게 세 단계로 진행됩니다. 먼저 네프론의 구조를 그림 23-3과 같이 간단히 나타내어 살펴볼까요?

콩팥에 들어온 콩팥 동맥의 혈액 속에는 물, 적혈구, 단백질, 포도당, 요소, 무기염류, 아미노산 등의 다양한 물질이 들어 있습니다. 여기서 **요소**란 몸에서 단백질이 분해될 때 생성되는 노폐물로, 독성이 있어서 혈액에 남지 않도록 반드시 오줌을 통해 몸 밖으로 버려야 합니다. 따라서 네프론은 콩팥 동맥의 혈액에서 요소만 제거해서 오줌을 만들고, 콩팥 동맥 속의 다른 물질들은 콩팥 정맥을 통해 다시 심장으로 들어갑니다.

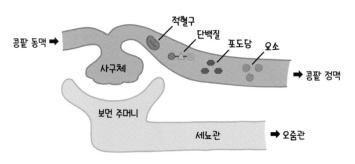

▲ 그림 23-3 혈액 속에는 적혈구, 단백질, 포도당, 요소 등이 있다

혈액에서 요소만 제거해 오줌을 만드는 첫 번째 단계는 **여과**입니다. 여과 단계는 그림 23-4와 같이 거름망을 통해 물질들을 거르는 것에 비유할수 있습니다. 사구체를 이루는 모세 혈관에는 물질이 통과할 수 있는 작은 구멍들이 있는데, 크기가 큰 적혈구나 단백질 등은 사구체를 통과하지

못해 혈액에 남게 되고, 크기가 작은 물, 포도당, 요소 등은 사구체를 통과해 보면 주머니로 여과됩니다.

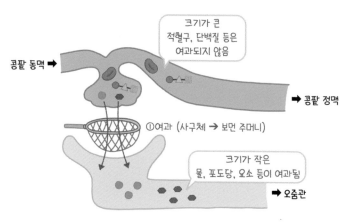

크기가 큰
적혈구, 단백질 등은
여과되지 않음

콩팥 동맥 ➡

➡ 콩팥 정맥

①여과 (사구체 ➡ 보먼 주머니)

크기가 작은
물, 포도당, 요소 등이 여과됨

➡ 오줌관

▲ 그림 23-4 혈액 속 물질을 크기별로 거르는 여과 단계

물, 포도당, 요소 등은 사구체에서 보면 주머니로 여과된 후 세뇨관을 따라 이동합니다. 이때 물과 포도당은 크기가 작아 여과되었지만, 우리 몸에 필요한 물질이기 때문에 오줌으로 버려져서는 안됩니다. 따라서 몸에 필요한 물과 포도당 등의 물질을 다시 혈액으로 흡수하는 **재흡수**가 일어납니다. 그림 23-5처럼 재흡수 단계에서는 크기가 작아 여과된 물질 중에서 몸에 필요한 물질이 다시 혈액으로 흡수되는데, 포도당은 100% 재흡수되고, 물은 99% 정도 재흡수됩니다.

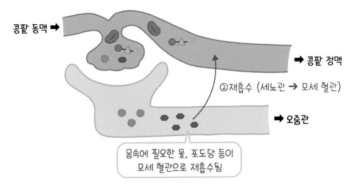

콩팥 동맥 ➡

➡ 콩팥 정맥

②재흡수 (세뇨관 ➡ 모세 혈관)

➡ 오줌관

몸속에 필요한 물, 포도당 등이
모세 혈관으로 재흡수됨

▲ 그림 23-5 여과된 물질 중 몸에 필요한 물질을 흡수하는 재흡수 단계

재흡수 과정을 통해 세뇨관에는 소량의 물과 요소만 남게 됩니다. 그런데 여과 단계에서 미처 여과되지 않고 혈액에 남아있는 요소가 남아있을 수 있으므로, 혈액에 남아있는 소량의 요소까지도 세뇨관으로 보내는 과정이 일어납니다. 그림 23-6과 같이 이 과정을 **분비**라고 하며, 분비 단계에서는 미처 여과되지 않은 소량의 요소들이 모세 혈관에서 세뇨관으로 이동합니다.

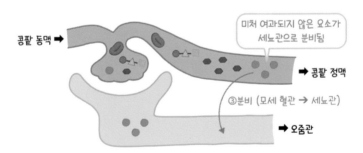

콩팥 동맥 ➡

미처 여과되지 않은 요소가
세뇨관으로 분비됨

➡ 콩팥 정맥

③분비 (모세 혈관 ➡ 세뇨관)

➡ 오줌관

▲ 그림 23-6 혈액에 남아있는 요소를 세뇨관으로 보내는 분비 단계

네프론에서 오줌이 만들어지는 여과, 재흡수, 분비의 과정을 다시 정리해 볼까요? 그림 23-7을 보면, 콩팥 동맥에 들어 있는 물, 적혈구, 단백질,

포도당, 요소 등의 물질이 사구체로 이동한 후 ①크기가 작은 물, 포도당, 요소 등의 물질이 사구체에서 보먼 주머니로 **여과**됩니다. 여과된 물질은 보먼 주머니에서 세뇨관을 따라 이동하다가 ②몸에 필요한 물질인 물, 포도당 등은 모세 혈관으로 **재흡수**됩니다. 또한, ③여과 단계에서 미처 여과되지 않고 혈액에 남아있는 소량의 요소가 모세 혈관에서 세뇨관으로 **분비**됩니다. 이렇게 네프론에서 일어나는 여과, 재흡수, 분비의 과정을 통해 세뇨관에는 요소만 남게 되고, 물과 함께 오줌이 되어 오줌관으로 이동합니다. 오줌은 오줌관을 따라 이동하다가 방광에 모인 후 요도를 통해 몸 밖으로 배설되고, 요소가 제거된 깨끗한 혈액은 콩팥 정맥을 통해 다시 심장으로 들어갑니다.

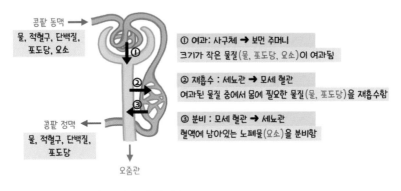

▲ 그림 23-7 네프론에서 오줌이 만들어지는 과정

☆ tip! ────────────────────────────

'배설'은 물, 이산화 탄소, 암모니아, 요소 등 세포에서 영양소를 분해해 에너지를 만든 후 생성된 물질을 몸 밖으로 내보내는 과정을 의미합니다. 흔히 대변도 노폐물에 포함된다고 생각하지만, 대변은 음식물에서 영양소가 흡수되고 남은 찌꺼기일 뿐 영양소의 분해 과정에서 생성된 노폐물이 아닙니다. 따라서 오줌을 통해 요소를 몸 밖으로 내보내는 과정은 '배설'이라고 하지만, 대변을 몸 밖으로 내보내는 것은 '배출'이라고 표현합니다.

✔ ⓑⓢⓖ는 콩팥, 오줌관, 방광, 요도 등으로 이루어져 있으며, 오줌을 만들어 혈액 속 요소를 몸 밖으로 내보내는 배설 과정을 담당한다.

✔ 오줌을 만드는 기본 단위체는 ⓝⓟⓡ이며, 네프론은 사구체, 보먼주머니, 세뇨관으로 이루어져 있다.

✔ 네프론에서는 ⓞⓖ, ⓙⓗⓢ, ⓑⓑ의 과정을 통해 오줌을 만든다.

24장

세포 호흡

QR 코드를 스캔하면 유튜브 강의 영상을 볼 수 있어요!

연계 교과 : 중2 과학 Ⅴ. 동물과 에너지

세포 호흡이란

지금까지 20장~23장에서 다룬 소화계, 순환계, 호흡계, 배설계의 기관계들은 서로 다른 기능을 담당하는 것 같지만, 결국 **세포 호흡**이라는 과정을 위해 서로 연결되어 협력하고 있습니다. 세포 호흡이란 세포에서 에너지를 만드는 과정으로, 그림 24-1과 같이 영양소와 산소가 반응해 물과 이산화 탄소로 분해되면서 에너지가 발생합니다. 이 과정은 18장에서 살펴본 식물의 세포 호흡과 동일합니다. 다만 식물은 광합성을 통해 만든 포도당만 에너지원으로 사용하지만, 동물은 탄수화물, 단백질, 지방의 영양소를 모두 섭취할 수 있으므로 세 가지 영양소를 모두 에너지원으로 사용할 수 있다는 점에서 차이가 있죠. 동물의 세포 호흡 과정에서도 탄수화물인 포도당이 주된 에너지원으로 사용되지만, 만약 단백질이 에너지원으로 사용되는 경우에는 요소와 같은 노폐물이 함께 발생합니다.

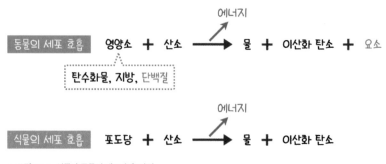

▲ 그림 24-1 식물과 동물의 세포 호흡 과정

기관계의 협력 작용

세포에서 세포 호흡 과정이 일어나려면 영양소와 산소가 필요합니다. 즉, 세포 호흡을 위해 온몸의 세포에 영양소와 산소를 공급해야 합니다. 또한, 세포 호흡 과정으로 이산화 탄소와 노폐물이 발생하므로 이를 몸 밖으로 배출시켜야 합니다. 따라서 그림 24-2와 같이 모세 혈관과 세포 사이에서는 산소와 영양소, 이산화 탄소와 노폐물을 교환하는 과정이 일어납니다.

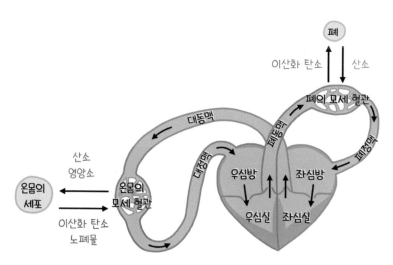

▲ 그림 24-2 온몸의 세포와 모세 혈관 사이에서 일어나는 물질 교환

세포에게 영양소와 산소를 공급하기 위해 **소화계**에서는 음식물을 소화시켜 영양소를 흡수하고, **호흡계**에서는 들숨을 통해 산소 기체를 흡수합니다. 각 기관계에서 흡수된 영양소와 산소는 **순환계**를 통해 혈액을 타고 온몸의 세포에게 전달됩니다. 또한, 세포에서 발생한 이산화 탄소, 요소

와 같은 노폐물은 순환계를 통해 혈액을 타고 각각 호흡계와 배설계로 전달됩니다. **호흡계**에서는 날숨을 통해 이산화 탄소 기체를 몸 밖으로 배출하고, **배설계**는 오줌으로 요소를 몸 밖으로 배설합니다. 이렇게 세포 호흡을 위해 여러 기관계들이 서로 협력적으로 작용하는 과정을 그림 24-3과 같이 나타낼 수 있습니다. 먼저 소화계에서 음식물을 소화해 **영양소**를 흡수한 뒤 순환계를 통해 세포로 전달합니다. 호흡계에서는 들숨으로 **산소** 기체를 흡수해 순환계를 통해 세포로 전달합니다. 세포에서 세포 호흡을 통해 에너지를 얻는 과정에서 발생한 **이산화 탄소** 기체는 순환계를 통해 호흡계로 전달되어 날숨으로 배출되며, **요소**는 순환계를 통해 배설계로 전달되어 오줌으로 배설됩니다. 그리고 세포 호흡 과정에서 발생한 **물**의 일부는 호흡계에서 날숨으로, 일부는 배설계에서 오줌으로 배출됩니다. 이와 같이 우리 몸의 기관계들은 각각 개별적인 기능을 수행하면서 세포 호흡 과정을 위해 서로 연결되어 협력적으로 작용합니다.

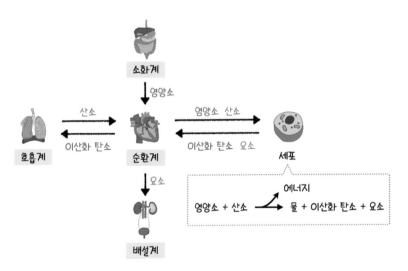

▲ 그림 24-3 세포 호흡을 위해 여러 기관계가 협력적으로 작용하는 과정

✔ 세포에서 영양소와 산소가 반응해 물과 이산화 탄소로 분해되면서 에너지를 얻는 과정인 ⓢⓟⓗⓗ이 일어난다.

✔ 세포 호흡을 위해 소화계, 순환계, 호흡계, 배설계가 서로 협력적으로 작용한다.

정답 ────────────────────────────────

세포 호흡

6부

물질의
특성

순물질과 혼합물

QR 코드를 스캔하면 유튜브 강의 영상을 볼 수 있어요!

연계 교과 : 중2 과학 Ⅵ. 물질의 특성

물질의 분류 방법

25장에서는 여러 가지 물질을 분류하는 방법에 대해 살펴보려고 합니다. 예를 들어 그림 25-1의 못, 순금 반지, 산소 스프레이, 물, 소금 등의 물질들을 어떤 기준으로 분류할 수 있을까요? 물질을 분류하기 위한 기준을 이해하려면 먼저 물질의 구조를 알아야 합니다.

못   순금 반지   산소 스프레이   물   소금

▲ 그림 25-1 우리 주위의 다양한 물질들

먼저 못은 그림 25-2와 같이 철(Fe) 원소로만 이루어져 있으며, 순금 반지는 금(Au) 원소로만 이루어져 있습니다. 두 물질은 '철'과 '금'이라는 한 가지 원소로만 이루어진 물질입니다.

못은 철(Fe) 원소로 이루어짐   **순금 반지는 금(Au) 원소로 이루어짐**

▲ 그림 25-2 못과 순금 반지의 구조

산소 스프레이에는 산소 기체가 들어 있는데, 산소 기체는 그림 25-3과 같이 산소(O) 원자 2개가 결합한 산소 분자(O_2)의 형태입니다. 그림 25-2

와 비교했을 때 원자들이 배열된 구조는 다르지만, 산소 스프레이 속 산소 기체도 '산소'라는 한 가지 원소로만 이루어져 있다는 공통점이 있죠. 이처럼 **한 가지 원소로만 이루어진 물질**을 **홑원소 물질**이라고 합니다.

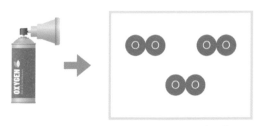

산소 스프레이에는 산소 분자(O_2)가 들어 있음

▲ 그림 25-3 산소 스프레이 속 산소 기체의 구조

반면에 물은 그림 25-4와 같이 산소(O) 원자와 수소(H) 원자가 결합한 물 분자(H_2O)로 이루어져 있습니다. 홑원소 물질과는 달리 물은 산소와 수소라는 두 가지 원소로 이루어져 있으며, 산소(O)와 수소(H)가 결합해 물(H_2O)이라는 새로운 물질이 된 것입니다.

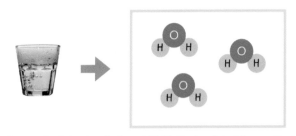

물은 산소(O)와 수소(H)가 결합한 물 분자(H_2O)로 이루어짐

▲ 그림 25-4 물 분자의 구조

소금은 그림 25-5와 같이 나트륨 이온(Na^+)과 염화 이온(Cl^-)이 결합한 염화 나트륨($NaCl$)이라는 물질입니다. 소금도 물과 마찬가지로 나트륨과 염소라는 두 가지 원소로 이루어져 있으며, 두 원소가 만나서 염화 나트륨($NaCl$)이라는 새로운 물질이 된 것입니다. 물(H_2O)이나 소금($NaCl$)과 같이 **두 가지 이상의 원소가 결합해 새롭게 만들어진 물질**을 화합물이라고 합니다.

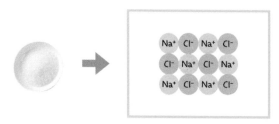

소금($NaCl$)은 나트륨 이온(Na^+)과 염화 이온(Cl^-)으로 이루어져 있다

▲ 그림 25-5 소금의 구조

못, 순금 반지, 산소 기체는 한 가지 원소로만 이루어진 홑원소 물질이며, 물, 소금은 두 가지 이상의 원소가 결합한 화합물입니다. 그런데 홑원소 물질과 화합물은 다른 것이 섞이지 않고 한 가지 물질로만 이루어져 있다는 공통점이 있습니다. 물은 물 분자(H_2O)로만, 소금은 염화 나트륨($NaCl$)으로만 이루어져 있으며, 여기에 다른 분자나 다른 물질이 섞여 있지 않습니다. 이렇게 **다른 물질이 섞이지 않고 한 가지 물질로만 이루어진 것**을 순물질이라고 합니다.

정리하면, 순물질이란 한 가지 물질로만 이루어진 것이며, 그림 25-6과 같이 홑원소 물질과 화합물로 나눌 수 있습니다. 홑원소 물질은 '한 가지 원소'로만 이루어져 있으며, 화합물은 '두 가지 이상의 원소'가 결합한 것을 의미합니다.

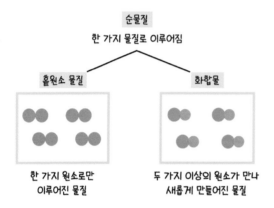

순물질
한 가지 물질로 이루어짐

홑원소 물질

화합물

한 가지 원소로만
이루어진 물질

두 가지 이상의 원소가 만나
새롭게 만들어진 물질

▲ 그림 25-6 홑원소 물질과 화합물을 분류하는 기준

만약 순물질인 물(H_2O)과 소금($NaCl$)을 섞으면 어떻게 될까요? 물과 소금을 섞은 소금물은 더 이상 한 가지 물질로 이루어진 것이 아닌, 물과 소금이라는 두 가지 물질이 섞인 상태가 됩니다.

소금물의 구조는 그림 25-7처럼 순물질인 물 분자(H_2O)와 소금($NaCl$)이 고르게 섞여 있는 형태입니다. 이와 같이 **두 가지 이상의 순물질이 섞여 있는 물질**을 **혼합물**이라고 합니다.

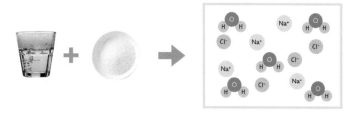

소금물은 소금(NaCl)과 물(H₂O)이 각각의 성질을 유지한 채 섞여 있다

▲ 그림 25-7 소금과 물을 섞은 소금물

혼합물은 물질이 섞여 있는 상태에 따라 그림 25-8과 같이 균일 혼합물과 불균일 혼합물로 나눌 수 있습니다. **균일 혼합물**은 **두 가지 이상의 물질이 서로 고르게 섞여 있는 물질**이며, **불균일 혼합물**은 **두 가지 이상의 물질이 서로 고르지 않게 섞여 있는 물질**입니다. 균일 혼합물의 대표적인 예로는 소금물, 식초, 공기 등이 있으며, 불균일 혼합물의 대표적인 예로는 우유, 흙탕물 등이 있습니다. 액체 혼합물의 경우 소금물이나 식초와 같은 균일 혼합물은 투명한 것이 특징이며, 우유나 흙탕물과 같은 불균일 혼합물은 불투명한 것이 특징입니다.

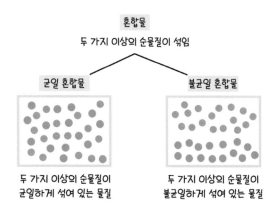

▲ 그림 25-8 균일 혼합물과 불균일 혼합물을 분류하는 기준

지금까지 살펴본 물질의 분류 기준을 정리하면 그림 25-9와 같이 나타낼 수 있습니다. 한 가지 물질로만 이루어진 것을 **순물질**이라고 하며, 순물질은 한 가지 원소로만 이루어진 **홑원소 물질**과, 두 가지 이상의 원소로 이루어진 **화합물**로 나뉩니다. 홑원소 물질의 대표적인 예로는 산소, 철, 금, 다이아몬드 등이 있으며, 화합물에는 물, 소금, 에탄올 등이 있습니다. **혼합물**은 두 가지 이상의 순물질이 섞여 있는 것으로, 물질이 균일하게 섞여 있는 **균일 혼합물**과 균일하지 않게 섞여 있는 **불균일 혼합물**로 나뉩니다. 균일 혼합물의 대표적인 예로는 소금물, 공기, 식초 등이 있으며, 불균일 혼합물에는 우유, 흙탕물 등이 있습니다.

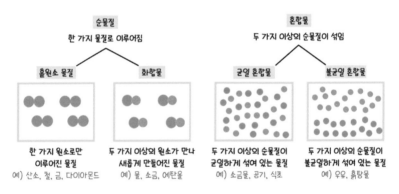

▲ 그림 25-9 물질의 분류 기준

물질의 특성

순물질은 저마다 맛, 색깔, 밀도, 끓는점 등의 다양한 성질을 가지고 있는데, 물질이 가진 성질 중에서 **그 물질만이 가진 고유한 성질을 물질의 특성**

이라고 합니다.

예를 들어 색깔이라는 성질은 소금도 흰색이고, 설탕도 흰색이므로 물질의 특성이 될 수 없습니다. 하지만 26장~28장에서 다룰 밀도, 끓는점, 용해도 등의 특성은 물질마다 고유한 값을 가지고 있으므로 물질의 특성이 되며, 물질의 특성을 이용하면 물질을 구별할 수 있습니다. 예를 들어 색깔이라는 성질로는 설탕과 소금을 구별할 수 없지만, 용해도라는 성질을 이용하면 설탕과 소금을 구별할 수 있습니다.

또한, 물질의 특성은 물질이 다른 물질과 혼합되더라도 변하지 않습니다. 즉, 두 가지 이상의 순물질을 섞은 혼합물에서도 각 순물질이 지닌 밀도, 용해도, 끓는점 등의 물질의 특성은 변하지 않습니다. 예를 들어 물과 에탄올을 섞어 혼합물을 만들어도 물과 에탄올의 끓는점은 변하지 않으며, 물과 에탄올의 끓는점을 이용하면 혼합물로부터 두 물질을 각각 분리할 수 있습니다. 이와 관련된 내용은 29장에서 다시 살펴보겠습니다.

배운 내용 체크하기

✔ 우리 주위의 물질은 ⓢⓜⓩ과 ⓗⓗⓜ로 분류할 수 있으며, 순물질은 홑원소 물질과 화합물로, 혼합물은 균일 혼합물과 불균일 혼합물로 나눌 수 있다.

✔ 순물질의 여러 가지 성질 중 그 물질만이 나타내는 고유한 성질을 ⓜⓩⓞⓔⓢ이라고 하며, 물질의 특성에는 밀도, 끓는점, 용해도 등이 있다.

✔ 물질의 특성을 이용하면 각각의 순물질을 구별할 수 있으며, 혼합물로부터 순물질을 분리할 수 있다.

정답

1. 순물질 2. 혼합물 3. 물질의 특성

306

26장

밀도

___

QR 코드를 스캔하면 유튜브 강의 영상을 볼 수 있어요!

연계 교과 : 중2 과학 Ⅵ. 물질의 특성

물질의 뜨고 가라앉는 성질

학생들에게 그림 26-1과 같이 플라스틱 비커와 압정을 보여주면서 물 위에 뜰 것 같은 물체를 고르라고 하면 대다수는 압정을 고릅니다. 왜냐하면 압정이 플라스틱 비커에 비해 훨씬 작고 가볍기 때문입니다. 어떤 물체가 가볍거나 무겁다는 것은 그 물체의 '질량'을 의미하는 것으로, 가벼운 물체는 질량이 작은 것이며, 무거운 물체는 질량이 큰 것입니다. 그렇다면 과연 학생들의 예상대로 질량이 큰 물체는 가라앉고, 질량이 작은 물체는 뜨는지 직접 확인해 볼까요?

두 물체의 질량을 측정해 보면 플라스틱 비커는 53g이고, 압정은 0.5g입니다. 플라스틱 비커의 질량이 압정보다 훨씬 크므로, 예상대로라면 무거운 플라스틱 비커가 아래로 가라앉고, 가벼운 압정이 위에 뜰 것입니다.

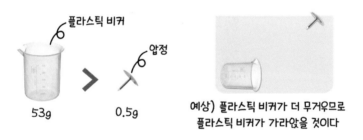

▲ 그림 26-1 플라스틱 비커와 압정 중 누가 가라앉을까?

하지만 물이 담긴 수조에 플라스틱 비커와 압정을 넣으면 그림 26-2와 같이 플라스틱 비커가 물 위에 뜨고, 압정이 가라앉습니다. 플라스틱 비커의 질량이 압정보다 훨씬 큰데도, 오히려 압정이 가라앉고 비커가 뜨는 것은 왜일까요?

실제) 플라스틱 비커가 물 위에 뜨고 압정이 가라앉는다

▲ 그림 26-2 질량이 큰 비커가 뜨고, 질량이 작은 압정이 가라앉는다.

어떤 물체가 뜨고 가라앉는지는 질량만으로는 비교할 수 없으며, 물질이 가진 **밀도**라는 성질을 비교해야 합니다. 그림 26-3과 같이 플라스틱으로 이루어진 비커의 밀도는 약 0.9g/mL이고, 철로 이루어진 압정의 밀도는 약 7.8g/mL입니다. 질량과는 다르게 밀도는 압정이 훨씬 더 큰 것을 알 수 있는데, 압정이 가라앉는 이유는 바로 밀도가 크기 때문입니다. 물은 밀도가 1g/mL이며, 물보다 밀도가 작은 플라스틱 비커는 물 위에 뜨고, 물보다 밀도가 큰 압정은 물 속에 가라앉는 것입니다.

▲ 그림 26-3 플라스틱 비커와 압정의 밀도 비교

☆ **tip!** ────────────

밀도의 단위인 g/mL는 질량의 단위인 g을 부피의 단위인 mL로 나눈 것을 의미합니다. '그램 퍼 밀리리터'라고 읽습니다.

같은 원리로 물 위에 뜨는 뗏목을 떠올려 볼까요? 뗏목은 나무를 잘라서 만드는데, 나무 자체는 굉장히 크고 무겁지만 그 밀도는 0.3~0.8g/mL 정도로 물의 밀도보다 작습니다. 밀도가 물보다 작기 때문에 물 위에 뜰 수 있는 것이죠. 그렇다면 왜 나무는 밀도가 작고, 압정은 밀도가 클까요?

그 이유는 두 물질을 구성하는 입자의 조밀한 정도가 다르기 때문입니다. 나무와 압정을 이루고 있는 입자들의 구조를 간단히 표현한 그림을 살펴봅시다. 그림 26-4와 같이 나무는 빈 공간이 많은 반면, 압정은 비교적 빈 공간이 거의 없이 조밀하고 촘촘한 구조입니다.

이처럼 밀도는 물질을 이루는 입자들이 얼마나 조밀한 구조로 되어 있는지, 즉 입자들의 조밀한 정도를 나타냅니다. 입자들의 조밀한 정도에 따라 물질이 뜨고 가라앉는 정도가 달라지는 것이죠. 압정처럼 입자들이 조밀할수록 물질의 밀도가 크고, 밀도가 큰 물체일수록 가라앉습니다.

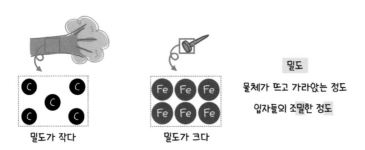

밀도가 작다

밀도가 크다

밀도
물체가 뜨고 가라앉는 정도
입자들의 조밀한 정도

▲ 그림 26-4 나무와 압정의 구조

+ 더 알아보기

식물의 셀룰로오스 구조

나무와 같은 식물의 세포는 '섬유소(cellulose)'로 이루어져 있습니다. 섬유소는 그림 26-5와 같이 탄소, 산소, 수소가 긴 사슬 형태로 연결된 구조이며, 육각형의 탄소 골격으로 이루어져 있어 빈 공간이 많이 생기는 것을 볼 수 있습니다. 이러한 구조 덕분에 섬유소가 풍부한 야채를 많이 섭취하면 대장 속에 있는 배설물들과 엉기면서 대장 밖으로 배출되도록 도와주는 역할을 해 변비와 대장암을 예방하는 데 도움이 된다고 알려져 있습니다.

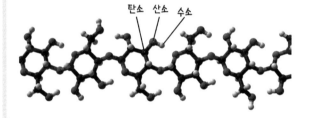

▲ 그림 26-5 식물의 섬유소(cellulose) 구조(출처: 위키백과)

밀도와 질량, 부피의 관계

어떤 물질이 뜨고 가라앉는지를 비교하려면 밀도를 비교해야 하는데, 그럼 물질의 밀도를 비교할 때마다 그림 26-4처럼 물질의 구조를 살펴봐야 할까요? 그렇다면 너무 불편하겠죠?

어떤 물질을 이루는 입자들의 조밀한 정도, 즉 밀도는 그 물질의 질량과 부피를 이용해 쉽게 알아낼 수 있습니다. 물질의 밀도는 질량에 비례하고 부피에 반비례하는 관계가 있기 때문인데, 이 관계를 식으로 나타내면 그림 26-6과 같습니다.

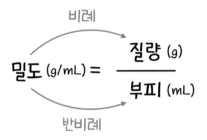

비례

$$밀도_{(g/mL)} = \frac{질량_{(g)}}{부피_{(mL)}}$$

반비례

▲ 그림 26-6 밀도는 물질의 질량을 부피로 나눈 값이다.

어떤 물질의 밀도는 그 물질의 질량을 부피로 나눈 값과 같으며, 일반적으로 밀도의 단위는 g/mL 또는 g/cm^3를 사용합니다. 예를 들어 어떤 물체의 질량이 10g이고, 부피가 5mL라면 그 물체의 밀도는 10g÷5mL를 계산한 결과인 2g/mL가 됩니다. 밀도와 질량, 부피의 관계를 하나씩 자세히 살펴봅시다.

1) 밀도는 부피에 반비례한다

그림 26-7과 같이 질량이 같고 부피가 다른 물체가 있다고 가정해 봅시다. 두 물체를 이루는 입자들을 사람에 비유한다면 부피가 큰 물체는 사람들이 넓은 공간을 차지하고 있는 것에 비유할 수 있고, 부피가 작은 물체는 같은 수의 사람들이 좁은 공간을 차지하고 있는 것에 비유할 수 있습니다. 입자들의 조밀한 정도를 비교해 보면 부피가 작을수록 입자들이 더 조밀한 상태가 되므로, 물질의 부피가 작을수록 밀도가 크다는 것을

알 수 있습니다. 즉, 질량이 같을 때 물질의 밀도는 부피에 반비례합니다.

▲ 그림 26-7 질량은 같고 부피가 다른 물체의 밀도 비교

2) 밀도는 질량에 비례한다

이번에는 그림 26-8과 같이 부피가 같고 질량이 다른 물체가 있다고 가정해 봅시다. 질량이 큰 물체는 입자들의 크기가 크고 무거운 상태에 비유할 수 있고, 질량이 작은 물체는 상대적으로 입자들의 크기가 작고 가벼운 상태에 비유할 수 있습니다. 두 물체의 부피가 같으므로 입자들이 같은 크기의 공간을 차지하고 있다고 할 때, 물질의 조밀한 정도를 비교해 보면 질량이 클수록 입자들이 더 조밀한 상태가 됩니다. 이와 같이 물질의 부피가 같을 때는 질량이 클수록 밀도가 커지므로, 물질의 밀도는 질량에 비례함을 알 수 있습니다.

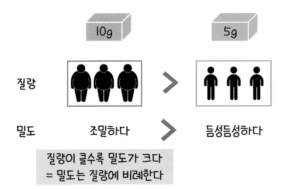

 질량이 클수록 밀도가 크다
= 밀도는 질량에 비례한다

▲ 그림 26-8 부피는 같고 질량이 다른 물체의 밀도 비교

QnA ●

불규칙한 물체의 부피는 어떻게 측정하나요?

직육면체나 구, 원기둥 등과 같이 모양이 규칙적인 물체는 수학 공식을 이용하여 쉽게 부피를 계산할 수 있습니다. 하지만 코르크 마개나 못처럼 모양이 불규칙한 물체의 부피는 어떻게 구할 수 있을까요?

바로 그림 26-9와 같이 눈금 실린더와 물을 이용해서 구합니다. 눈금 실린더에 물을 채우고 물체를 넣었을 때 증가하는 물의 부피가 곧 물체의 부피가 되는데, 여기서 주의할 점은 물체가 물 속에 푹 잠겨야 정확한 부피가 측정이 가능하다는 것입니다. 예를 들어, 코르크 마개처럼 물에 뜨는 물체들은 얇은 철사를 연결해서 물속에 푹 잠기도록 한 후에 부피를 측정해야 합니다.

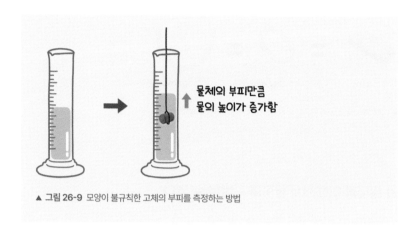

밀도의 특징

물질의 밀도는 다음 4가지의 중요한 특징이 있습니다. 밀도가 가진 특징을 하나씩 살펴봅시다.

1) 밀도는 물질의 고유한 성질이다

밀도가 물질의 고유한 성질이라는 것은 물질마다 고유한 밀도 값을 가지며, 밀도는 물질의 양에 따라 변하지 않는다는 것을 의미합니다. 즉, 물질의 모양이나 크기에 관계없이 같은 물질이라면 밀도는 항상 일정합니다. 예를 들어 금의 밀도는 $19.3g/cm^3$인데, 그림 26-10과 같이 순금으로 이루어진 물질이라면 모양에 관계없이 밀도는 모두 $19.3g/cm^3$로 동일합니다. 이렇게 밀도는 물질의 모양이나 형태가 달라지더라도 변하지 않는 물질의 고유한 성질입니다.

19.3g/mL   19.3g/mL   19.3g/mL

▲ 그림 26-10 물질의 밀도는 모양이나 형태에 관계없이 일정하다.

2) 밀도를 이용해서 물질을 구별할 수 있다

그림 26-11은 일정한 온도와 압력에서 다양한 물질의 밀도를 측정한 것인데, 이처럼 물질마다 고유한 밀도 값을 가지므로 밀도를 이용해 물질을 구별할 수 있습니다. 예를 들어 정체를 모르는 어떤 순물질의 질량과 부피를 측정해서 밀도를 계산했더니 $7.87g/cm^3$이었다면, 이 물질의 밀도가 철(Fe)과 같으므로, 이 물질은 철(Fe)로 이루어진 물질임을 알 수 있습니다.

물질	밀도(g/cm^3)
헬륨	0.000164
산소	0.00131
이산화 탄소	0.00180
에탄올	0.79
얼음(0°C)	0.92
물(4°C)	1.00
알루미늄	2.70
철	7.87
은	10.50

▲ 그림 26-11 25°C, 1기압에서 측정한 여러 가지 물질의 밀도(출처: 「CRC Handbook of Chemistry and Physics(98th)」, 2017)

3) 밀도가 작은 물질은 밀도가 큰 물질 위로 뜬다

밀도가 작은 물질은 밀도가 큰 물질 위로 뜨는 성질이 있습니다. 예를 들어 헬륨 기체는 산소나 이산화 탄소 등의 다른 기체보다 밀도가 작아서 헬륨을 넣은 풍선은 공기 중에 가만히 놓으면 위로 올라갑니다. 또한, 얼음의 밀도는 물의 밀도보다 작아서 물에 얼음을 넣으면 얼음이 물 위에 뜹니다. 밀도가 클수록 아래로 가라앉고 밀도가 작을수록 위로 뜨는 성질을 이용하면 그림 26-13과 같이 밀도가 서로 다른 액체들을 탑처럼 쌓을 수도 있습니다.

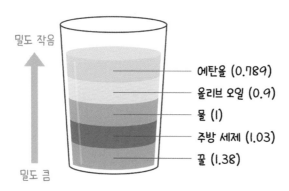

밀도 작음

에탄올 (0.789)
올리브 오일 (0.9)
물 (1)
주방 세제 (1.03)
꿀 (1.38)

밀도 큼

▲ 그림 26-12 다양한 액체의 밀도(단위: g/cm³)

4) 혼합물의 밀도는 성분 물질의 조성에 따라 달라진다

물질마다 고유한 밀도 값을 갖는 것은 순물질의 경우에만 해당하며, 혼합물의 경우에는 성분 물질의 조성에 따라 밀도가 달라집니다. 예를 들어 그림 26-13과 같이 계란을 물에 넣으면 계란의 밀도가 물보다 커서 계란이 물속에 가라앉습니다.

밀도 : 물 < 계란

▲ 그림 26-13 계란의 밀도가 물보다 커서 계란이 물에 가라앉는다.

그런데 그림 26-14와 같이 물에 다량의 소금을 넣어 혼합물인 소금물을 만들면 계란이 소금물 위에 뜹니다. 물에 소금을 많이 넣을수록 소금물의 밀도가 커져서 계란이 더 쉽게 뜨는데, 이처럼 혼합물의 밀도는 혼합물을 이루는 성분 물질의 조성에 따라 달라집니다.

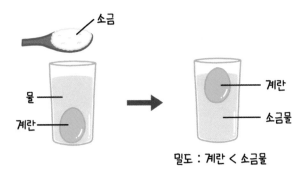

밀도 : 계란 < 소금물

▲ 그림 26-14 소금물의 밀도가 계란보다 커서 계란이 소금물 위에 뜬다.

물, 계란, 소금물의 밀도를 이용해 그림 26-15처럼 마치 공중부양하는 듯한 계란을 만들 수 있습니다. 다량의 소금을 넣은 소금물에 계란을 넣고 그 위에 물을 천천히 부어주면 밀도 차이에 의해 물, 계란, 소금물이 순서대로 놓입니다.

밀도 : 물 < 계란 < 소금물

◀ 그림 26-15 물, 계란, 소금물의 밀도를 이용해 공중부양하는
계란 만들기

+ 더 알아보기

밀도와 온도

물질의 밀도는 온도에 따라 조금씩 달라지는데, 그 이유는 온도가 높아지면 열팽창
현상이 일어나기 때문입니다. 열팽창 현상이란 그림 26-16과 같이 어떤 물질에 열을
가해 온도가 높아지면 물질을 이루는 입자들의 운동이 활발해지면서 입자 사이의 거
리가 멀어져 부피가 팽창하는 현상입니다. 밀도는 입자들의 조밀한 정도를 나타내는
데, 온도가 높아져 열팽창 현상이 일어나면 밀도가 달라지므로 밀도를 측정할 때는
일정한 온도에서 측정해야 합니다. 고체는 온도에 따른 열팽창 정도가 크지 않지만,
액체와 기체의 경우에는 고체보다 온도의 영향을 많이 받으므로, 액체와 기체의 밀
도를 나타낼 때에는 반드시 밀도를 측정할 때의 온도를 함께 표시해야 합니다. 또한
기체의 경우에는 압력에 따라서도 입자들의 상태가 크게 달라지므로 기체의 밀도를
나타낼 때에는 압력을 함께 표시합니다.

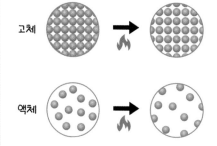

◀ 그림 26-16 온도가 높아지면 물질
을 이루는 입자 사이의 거리가 멀어져서
밀도가 달라진다.

✔ ㅁㄷ는 물질을 이루는 입자들의 조밀한 정도를 나타내며, 물질의 질량을 ㅂㅍ로 나누어 계산할 수 있다.

✔ 물질마다 고유한 밀도 값을 가지므로 밀도를 이용해 물질을 구별할 수 (있다, 없다).

✔ 밀도가 (작은, 큰) 물질은 밀도가 (작은, 큰) 물질 위에 뜬다.

✔ ㅎㅎㅁ의 밀도는 성분 물질의 조성에 따라 달라진다.

정답 _____

1. 밀도 2. 부피 3. 있다 4. 작은 5. 큰 6. 혼합물

27장

용해도

QR 코드를 스캔하면 유튜브 강의 영상을 볼 수 있어요!

연계 교과 : 중2 과학 VI. 물질의 특성

용해도란

눈으로 보기에 비슷해 보이는 흑설탕, 미숫가루, 모래를 어떻게 구별할 수 있을까요? 물론 맛을 볼 수도 있지만 그림 27-1과 같이 세 가지 가루를 물에 녹여 보면 쉽게 구별할 수 있습니다. 흑설탕은 많은 양을 물에 넣어도 쉽게 녹습니다. 미숫가루는 적은 양을 넣었을 때는 잘 녹지만 많은 양을 넣으면 녹지 않고 가라앉는 것을 볼 수 있습니다. 반면에 모래는 적은 양을 넣어도 물에 녹지 않고 가라앉습니다. 이렇게 어떤 물질을 물에 넣었을 때 녹는 정도를 이용해 물질을 구별할 수 있는데, 이와 관련된 물질의 특성을 **용해도**라고 합니다. 27장에서는 물질의 특성 중 '용해도'에 대해 알아봅시다.

흑설탕　　　　**미숫가루**　　　　**모래**

▲ 그림 27-1 설탕, 미숫가루, 모래를 물에 녹여 구별할 수 있다.

먼저 용해도와 관련된 용어들을 몇 가지 알아볼까요? 그림 27-2와 같이 소금을 물에 넣어 소금물을 만들 때, 소금과 같이 녹는 물질을 **용질**이라고 하며, 물과 같이 녹이는 물질을 **용매**라고 합니다. 또한 소금물과 같이 용매에 용질을 녹여 만든 물질을 **용액**이라고 하며, 설탕이 물에 녹는 것과 같이 용질이 용매에 녹아 고르게 섞이는 현상을 **용해**라고 합니다.

▲ 그림 27-2 용질, 용매, 용액의 의미

용질의 종류에 따라 용매에 녹는 정도가 모두 다릅니다. 예를 들어 소금을 20℃의 물 100g에 넣으면 최대로 약 36g까지 녹일 수 있으며, 그 이상의 양을 넣으면 소금이 더 이상 물에 녹지 않고 가라앉습니다. 하지만 설탕을 20℃의 물 100g에 넣으면 약 204g까지 녹일 수 있습니다. 이렇게 같은 용매를 사용한다고 하더라도, 용질의 종류에 따라 용매에 녹을 수 있는 용질의 양이 달라집니다.

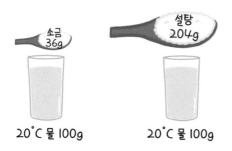

▲ 그림 27-3 소금과 설탕의 용해도 비교

어떤 온도에서 용매 100g에 최대로 녹을 수 있는 용질의 양(g)을 용해도라고 합니다. 즉, 20℃의 물 100g에 소금은 최대 36g까지, 설탕은 204g까지 녹을 수 있으므로, 20℃에서 소금의 용해도는 36g/물100g이며 설탕의 용해도는 204g/물100g인 것입니다.

+ 더 알아보기

용해도의 단위

용해도의 단위를 **g/물100g**으로 표현하는데, 이는 **물 100g**에 최대로 녹을 수 있는 **용질의 양(g)**을 의미합니다. 예를 들어 20℃에서 설탕의 용해도가 204g/물 100g이라는 것은 20℃에서 용매인 물 100g에 용질인 설탕이 최대 204g 녹을 수 있음을 의미합니다. 만약 용매로 물이 아닌 다른 물질을 사용한다면 용해도의 단위에 물 대신 다른 물질을 넣을 수도 있습니다.

$$204g/물100g \quad = \quad \frac{204g \leftarrow 용질}{물100g \leftarrow 용매}$$

▲ 그림 27-4 용해도 단위의 의미

온도와 용해도

각기 다른 온도의 물 100g에 최대로 녹을 수 있는 설탕과 소금의 양을 측정해보면 그림 27-5와 같이 나타납니다. 두 물질 모두 용매의 온도가 높을수록 더 많은 양의 용질이 녹을 수 있습니다. 즉, 온도가 높을수록 물질의 용해도가 증가합니다.

	0(℃)	20(℃)	40(℃)	60(℃)	80(℃)
설탕	179	204	238	287	362
소금	35	36	36.4	37	38

▲ 그림 27-5 여러 온도에서 측정한 설탕과 소금의 용해도(단위: g/물100g)

그림 27-6은 여러 온도에서 측정한 설탕과 소금의 용해도를 그래프로 나타낸 것입니다. 온도에 따른 물질의 용해도를 그래프로 나타낸 것을 **용해도 곡선**이라고 하는데, 용해도 곡선은 여러 온도에서 용매 100g에 최대로 녹을 수 있는 용질의 양을 각각 측정해 연결한 것입니다. 용해도 곡선을 이용하면 온도에 따른 물질의 용해도를 쉽게 비교할 수 있습니다.

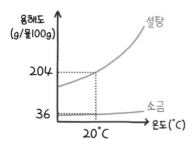

▲ 그림 27-6 설탕과 소금의 용해도 곡선

용해도 곡선과 용액의 세 가지 상태

용해도 곡선이 그려진 그래프에 여러 가지 상태의 용액을 점을 찍어 나타낼 수 있습니다. 예를 들어 그림 27-7의 왼쪽 그래프의 점 A는 20℃의 물 100g에 설탕 100g을 녹인 용액을 나타냅니다. 점 B는 20℃의 물 100g에 설탕 204g을 녹인 용액을 나타내며, 점 C는 20℃의 물 100g에 설탕 300g을 녹인 용액을 나타냅니다.

이때 20℃의 물 100g에 최대로 녹을 수 있는 설탕의 양은 204g이므로, A는 설탕이 더 녹을 수 있는 상태이고, B는 설탕이 용해도 만큼 최대로 녹아 있는 상태입니다. B와 같이 어떤 온도에서 일정한 양의 용매에 용질이 최대로 녹아 있는 용액을 **포화 용액**이라고 하며, A와 같이 포화 용액보다 용질이 적게 녹아 있는 용액을 **불포화 용액**이라고 합니다. C는 204g보다 더 많은 용질이 녹아 있는 상태로, C와 같이 용해도보다 더 많은 양의 용질이 녹아 있는 용액을 **과포화 용액**이라고 합니다. 과포화 용액은 용해도 이상의 용질이 일시적으로 녹아 있는 매우 불안정한 상태입니다.

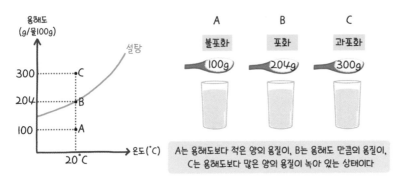

▲ 그림 27-7 용질의 양에 따른 용액의 세 가지 상태

용해도 곡선을 나타낸 그래프에서 점 A~C와 같이 여러 가지 상태의 용액을 나타낼 때 점의 위치에 따라 불포화, 포화, 과포화 등의 상태를 쉽게 알 수 있습니다.

그림 27-8에서 용해도 곡선 아래(초록색으로 표시한 영역)에 있는 점은 용해도보다 적은 양의 용질이 녹아 있는 상태이므로 불포화 용액입니다. 파란색으로 나타낸 용해도 곡선상에 있는 점은 용해도 만큼의 용질이 녹아 있는 상태이므로 포화 용액입니다. 마지막으로 용해도 곡선보다 위에 있는 영역(분홍색으로 표시한 영역)에 있는 점은 용해도보다 많은 양의 용질이 녹아 있는 상태이므로 과포화 용액입니다.

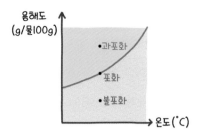

용해도
(g/물100g)

• 과포화

• 포화

• 불포화

온도(˚C)

▲ 그림 27-8 용해도 곡선상에서 용액의 세 가지 상태

용질의 석출

겨울철에 뜨거운 물에 코코아 가루를 녹여 마시다가 온도가 식으면 바닥에 코코아 가루가 가라앉는 것을 볼 수 있습니다. 이와 같은 현상은 높은 온도에서 포화 상태였던 용액이 온도가 낮아지면서 과포화 상태가 되어 코코아 가루가 가라앉으며 나타나는 현상입니다. 이를 **석출**이라고 하는데, 용액 속 용질이 석출되는 과정을 자세히 살펴볼까요?

예를 들어 어떤 물질 30g을 80℃의 물 100g에 녹여 그림 27-9의 왼쪽 그래프의 점 A와 같은 용액을 만들었다고 가정해 봅시다. 점 A는 용해도 곡선상에 있으므로 용해도 만큼의 용질이 녹아 있는 포화 상태입니다. 만약 A 용액의 온도를 30℃로 낮추면 어떻게 될까요? 용액 속 용질의 양은 변하지 않으므로 여전히 30g인데, 온도만 30℃로 내려가므로, 30℃의 물 100g에 30g의 용질이 녹아 있는 상태인 점 B가 됩니다. 그런데 30℃에서 물 100g에 최대로 녹을 수 있는 용질의 양은 10g이므로, 점 B는 용해도보다 많은 양의 용질이 녹아 있는 과포화 상태가 됩니다.

과포화 용액은 용해도 이상의 용질이 일시적으로 녹아 있는 매우 불안정한 상태라서 곧 안정한 포화 상태로 돌아가려 합니다. 30℃에서 포화 상태가 되기 위해 용매에 녹아 있는 30g의 용질 중 10g만 용매 안에 녹아 있게 되고, 나머지 20g의 용질은 더 이상 용매에 녹아 있지 못하고 곧 가라앉고 맙니다. B 용액에서 20g의 용질이 용매 밖으로 빠져나와 아래에 가라앉으면, 용매 안에는 10g의 용질만 녹아 있는 상태인 점 C가 됩니다.

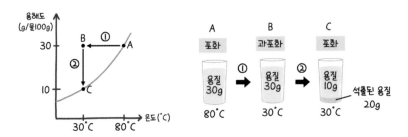

▲ 그림 27-9 용질이 석출되는 과정

그림 27-9를 보면서 이 과정을 다시 정리해 볼까요? ①먼저 포화 용액 A의 온도를 낮추면 과포화 용액 B가 됩니다(A→B). 과포화 용액 B에서는 용해도 만큼의 용질만 용매에 녹아 있게 되고, 나머지 용질은 용매 밖으로 빠져 나와 가라앉게 됩니다. 과포화 용액에서 용질이 더 이상 용매에 녹아 있지 못하고 가라앉는 현상을 **석출**이라고 하며 ②과포화 용액 B에서 용질이 석출되고 나면 용매에는 용해도 만큼의 용질만 녹아 있는 안정한 포화 용액 C가 됩니다(B→C).

기체의 용해도

소금이나 설탕 같은 고체 물질뿐만 아니라 산소나 이산화 탄소 등과 같은 기체 물질도 용매에 녹을 수 있습니다. 물속에는 산소 기체가 녹아 있어 물속에 사는 생물들이 호흡할 수 있으며, 탄산 음료에는 이산화 탄소 기체가 녹아 있어 음료를 마실 때 톡톡 터지는 청량감을 느낄 수 있습니다. 고체 물질은 대부분 온도가 높을수록 용해도가 증가하지만, 기체 물질은 온도가 높을수록 용해도가 감소합니다. 그 이유는 기체는 액체나 고체에 비해 입자들의 운동이 워낙 활발하기 때문입니다. 기체 입자의 경우에는 용액의 온도가 높아지면 그림 27-10과 같이 입자들의 운동이 더 활발해지면서 용액 밖으로 빠져나가기 때문에 용해도가 감소합니다.

기체 입자

온도가 낮을 때❄️   온도가 높을 때🔥

▲ 그림 27-10 기체는 온도가 높을수록 용해도가 감소한다.

온도에 따른 기체의 용해도는 간단한 실험을 통해 확인할 수 있습니다. 그림 27-11을 볼까요?

시험관 두 개에 탄산 음료를 넣고 각각 차가운 물과 뜨거운 물이 들어 있는 비커에 넣으면 뜨거운 물에 넣은 시험관의 탄산 음료에서 더 많은 기포가 발생합니다. 기포가 발생하는 이유는 탄산 음료 속에 녹을 수 있는 기체의 양이 줄어들어서 이산화 탄소 기체가 음료에 녹지 않고 밖으로 빠져나오기 때문입니다. 이를 통해 온도가 높을수록 기체의 용해도가 감소함을 알 수 있습니다.

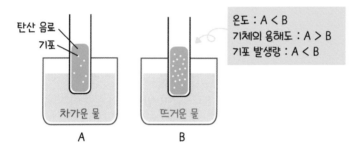

▲ 그림 27-11 온도가 높을수록 기체의 용해도가 감소해 기포가 많이 발생한다.

또한, 기체의 용해도는 압력에 따라서도 달라집니다. 그림 27-12와 같이 뚜껑을 닫은 시험관 A와 뚜껑을 닫지 않은 시험관 B의 탄산 음료를 비교해 보면, B에서 기포가 더 많이 발생하는 것을 볼 수 있습니다. 시험관의 뚜껑을 닫으면 뚜껑을 닫지 않을 때보다 상대적으로 압력이 커지는데, B에서 더 많은 기포가 발생하는 이유는 A보다 B의 기체의 용해도가 더 작아서 기체가 음료 밖으로 빠져나오기 때문입니다. 즉, 압력이 낮아지면 기체의 용해도가 감소한다는 것을 알 수 있습니다.

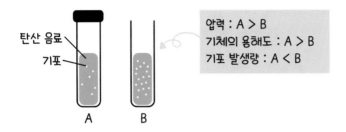

탄산 음료
기포

압력 : A > B
기체의 용해도 : A > B
기포 발생량 : A < B

A   B

▲ 그림 27-12 압력이 낮을수록 기체의 용해도가 감소해 기포가 많이 발생한다.

두 실험을 통해 온도가 낮을수록, 압력이 높을수록 기체의 용해도가 증가한다는 것을 알 수 있습니다. 이처럼 기체의 용해도는 온도와 압력의 영향을 많이 받으므로 기체의 용해도를 나타낼 때에는 온도와 압력을 반드시 함께 표시해야 합니다.

✔ 어떤 온도에서 용매 100g에 최대로 녹을 수 있는 용질의 양(g)을 ⓄⓗⒹ라고 한다.

✔ 물질마다 용해도가 다르므로 설탕과 소금처럼 겉으로 비슷해 보이는 물질도 용해도를 이용해 구별할 수 있다.

✔ 어떤 용액의 온도를 낮추어 과포화 상태가 되면 용질이 ⓈⒸ되며, 석출되는 용질의 양은 용해도 곡선을 이용해 알아낼 수 있다.

✔ 고체 물질의 용해도는 온도가 (높을수록, 낮을수록) 증가하지만, 기체의 용해도는 온도가 (높을수록, 낮을수록), 압력이 높을수록 증가한다.

정 답

1. 용해도 2. 석출 3. 높을수록 4. 낮을수록

28장

끓는점, 녹는점, 어는점

QR 코드를 스캔하면 유튜브 강의 영상을 볼 수 있어요!

연계 교과 : 중2 과학 Ⅵ. 물질의 특성

물질의 상태 변화

우리 주위의 물질은 고체, 액체, 기체 세 가지 상태로 존재합니다. 상온에서 액체 상태인 물을 0℃ 이하로 냉각하면 고체 상태인 얼음이 되고, 100℃ 이상으로 가열하면 기체 상태인 수증기가 됩니다. 이와 같이 물질의 상태는 온도와 압력에 따라 변합니다. 얼음이 녹아 물이 되는 것처럼 고체에서 액체로 상태가 변하는 것을 **융해**라고 하고, 물이 수증기가 되는 것처럼 액체에서 기체로 상태가 변하는 것을 **기화**라고 합니다. 반대로 수증기가 물이 되는 것처럼 기체에서 액체로 상태가 변하는 것을 **액화**라고 하고, 물이 얼음이 되는 것처럼 액체에서 고체로 상태가 변하는 것을 **응고**라고 합니다. 또한, 액체를 거치지 않고 고체에서 기체로, 또는 기체에서 고체로 상태가 변하기도 하는데 이를 **승화**라고 합니다. 냉동 식품이나 아이스크림을 포장할 때 넣는 드라이 아이스는 액체를 거치지 않고 고체에서 기체로 승화가 일어나는 대표적인 물질입니다.

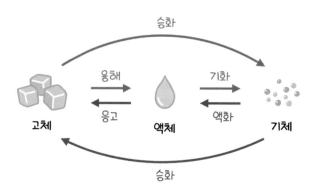

▲ 그림 28-1 물질의 세 가지 상태와 상태 변화의 종류

고체를 가열하면 액체가 되고 액체를 가열하면 기체가 되는 상태 변화가 일어나는데, 물질의 상태가 변하는 동안에는 독특한 현상이 나타납니다. 예를 들어 1기압에서 −20℃의 얼음을 가열하면서 온도를 측정하면 그림 28-2와 같이 나타납니다. ①처음에는 얼음의 온도가 올라가다가 0℃에 도달하면 얼음이 녹아 물이 되기 시작하는데, ②얼음이 녹아 물로 변하는 동안, 즉 융해가 일어나는 동안은 계속 가열하더라도 더 이상 온도가 올라가지 않고 일정하게 유지됩니다.

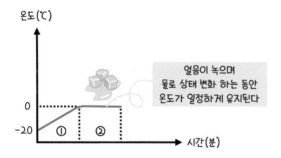

▲ 그림 28-2 융해가 일어나는 동안 온도가 일정하게 유지된다.

③얼음이 모두 녹아 물이 되면 그림 28-3과 같이 다시 온도가 올라가기 시작하다가 ④100℃에 도달하면 물이 수증기가 되기 시작합니다. 그런데 물이 수증기로 변하는 동안, 즉 기화가 일어나는 동안은 계속 가열하더라도 더 이상 온도가 올라가지 않고 일정하게 유지됩니다.

이를 통해 얼음이 녹아 물이 되는 융해가 일어나는 동안, 물이 끓어 수증기가 되는 기화가 일어나는 동안에는 온도가 변하지 않는다는 결론을 얻을 수 있습니다.

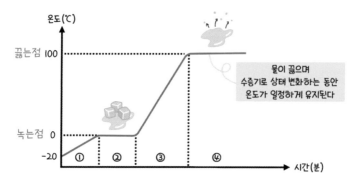

온도(℃)

끓는점 100

물이 끓으며
수증기로 상태 변화하는 동안
온도가 일정하게 유지된다

녹는점 0

-20

① ② ③ ④

시간(분)

▲ 그림 28-3 기화가 일어나는 동안 온도가 일정하게 유지된다.

이와 같이 물질의 상태 변화가 일어날 때는 온도가 변하지 않고 일정하게 유지되는데, 고체가 액체로 융해될 때의 온도를 **녹는점**이라고 하고, 액체가 기체로 기화될 때의 온도를 **끓는점**이라고 합니다. 즉, 얼음의 녹는점은 0℃이고, 물의 끓는점은 100℃인 것입니다.

얼음을 가열해서 수증기가 되기까지의 과정을 다시 한 번 정리해 볼까요? 그림 28-4와 같이 5가지 구간으로 나누어 각 구간의 특징을 정리해 보면, ①얼음을 가열해서 0℃가 될 때까지는 얼음의 온도가 증가하다가 ②0℃에서 얼음이 물로 변하는 융해가 일어나면서 온도가 일정하게 유지됩니다. ③얼음이 모두 융해되어 물이 되면 물의 온도가 증가하다가 ④ 100℃에서 물이 수증기로 변하는 기화가 일어나면서 온도가 일정하게 유지됩니다. ⑤물이 모두 기화되어 수증기가 되면 수증기의 온도가 증가합니다.

반대로 물을 냉각시키는 경우의 온도 변화 그래프는 그림 28-5와 같이 나타낼 수 있습니다.

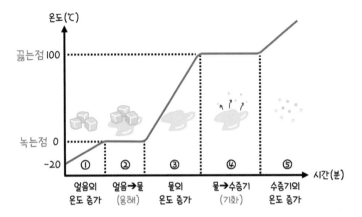

▲ 그림 28-4 얼음을 가열할 때 온도 변화 그래프

물을 냉각시키면 온도가 내려가다가 0℃에서 물이 얼음으로 변하는 응고가 일어나는데, 가열할 때와 마찬가지로 냉각할 때도 상태 변화가 일어날 때는 온도가 일정하게 유지됩니다. 액체가 고체로 응고될 때의 온도를 **어는점**이라고 하는데, 순물질의 경우 녹는점과 어는점은 같습니다. 즉, 얼음을 가열할 때 0℃에서 녹아 물이 되고, 반대로 물을 냉각시킬 때 0℃에서 얼음이 됩니다.

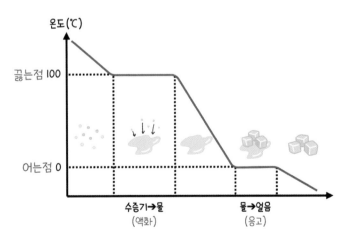

▲ 그림 28-5 물을 냉각할 때 온도 변화 그래프

끓는점, 녹는점, 어는점의 특징

지금까지 살펴본 물질의 끓는점, 녹는점, 어는점은 다음과 같은 중요한 두 가지 특징이 있습니다.

1) 끓는점, 녹는점, 어는점은 물질의 고유한 특성이다

끓는점, 녹는점, 어는점이 물질의 고유한 특성이라는 것은 물질마다 고유한 끓는점, 녹는점, 어는점 값을 지닌다는 것입니다. 그림 28-6은 액체 상태의 물과 에탄올의 끓는점 그래프를 나타낸 것인데, 그래프를 보면 온도가 일정하게 유지될 때의 온도가 각 물질의 끓는점입니다. 물의 끓는점은 100℃, 에탄올의 끓는점은 78.3℃이므로, 에탄올이 물보다 더 낮은 온도에서 끓어 기화됩니다. 물과 에탄올뿐만 아니라 다른 순물질들도 각자의 고유한 끓는점을 가지고 있으며, 이처럼 끓는점을 이용해 물질을 구별할 수 있습니다.

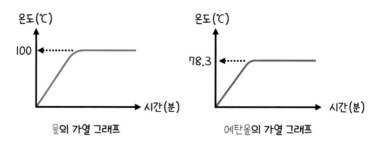

▲ 그림 28-6 물과 에탄올의 끓는점 그래프

고체의 녹는점 그래프도 비교해 볼까요? 그림 28-7은 철, 갈륨, 수은의 세 가지 금속을 가열하면서 녹는점을 측정한 그래프로, 철의 녹는점은 약 1538℃, 갈륨은 약 29.8℃, 수은은 약 −38.9℃입니다. 녹는점은 융해가 일어나는 온도이므로 물질은 자신의 녹는점보다 낮은 온도에서는 고체 상태로, 녹는점보다 높은 온도에서는 녹아 액체 상태로 존재합니다. 철은 녹는점이 1538℃로 매우 높으므로 상온(25℃)에서 고체 상태로 존재하며, 고체 상태의 철을 녹이려면 1538℃ 이상의 매우 높은 온도가 필요합니다. 갈륨은 녹는점이 약 29.8℃이므로 상온(25℃)에서 고체 상태이지만 손으로 조금만 따뜻하게 감싸쥐어도 쉽게 녹습니다. 반면에 수은은 녹는점이 약 −38.9℃이므로 상온에서 이미 녹아 액체 상태로 존재하는 독특한 금속입니다.

이와 같이 순물질은 각자 고유한 끓는점, 녹는점, 어는점을 가지고 있으며 이를 이용해서 물질의 종류를 구별할 수 있습니다.

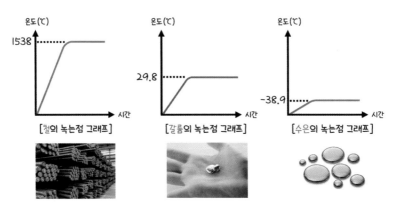

▲ 그림 28-7 철, 갈륨, 수은의 녹는점 그래프

2) 끓는점, 녹는점, 어는점은 물질의 양에 관계 없이 일정하다

물질의 끓는점, 녹는점, 어는점은 물질의 고유한 값이므로, 물질의 양에 관계없이 항상 일정합니다. 예를 들어 1기압에서 물의 끓는점은 100℃인데, 물의 양이 25mL, 50mL, 100mL로 달라지더라도 가열 시 모두 100℃에서 끓으면서 액체에서 기체로 상태 변화가 일어납니다.

그림 28-8의 왼쪽 그래프는 25mL의 물과 50mL의 물을 가열할 때의 온도 변화를 나타낸 것인데, 물 50mL를 가열할 때의 온도 변화 그래프를 기준으로 물의 양이 줄어들면 끓는점에 도달하는 시간이 줄어들 뿐 끓는점은 100℃로 동일합니다. 마찬가지로 그림 28-8의 오른쪽 그래프는 50mL의 물과 100mL의 물을 가열할 때의 온도 변화를 나타낸 것인데, 물 50mL를 가열할 때의 온도 변화 그래프를 기준으로 물의 양이 늘어나면 끓는점에 도달하는 시간이 늘어날 뿐 끓는점은 100℃로 동일한 것을 볼 수 있습니다.

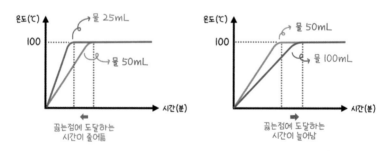

▲ 그림 28-8 물의 양을 다르게 해 가열할 때 온도 변화 그래프

혼합물의 끓는점과 어는점

지금까지 살펴본 끓는점, 녹는점, 어는점은 모두 순물질의 특성입니다. 그렇다면 순물질이 아닌 혼합물을 가열하면 온도 변화가 어떻게 나타날까요? 그림 28-9는 물과 소금물을 가열할 때 온도 변화 그래프를 나타낸 것입니다. 순물질인 물을 가열하면 온도가 서서히 증가하다가 100℃에서 온도가 일정하게 유지됩니다. 하지만 혼합물인 소금물을 가열하면 온도가 일정하게 유지되는 구간이 없이 계속 증가합니다. 이처럼 혼합물은 소금물의 끓는점을 정확히 알기 어려우며, 일반적으로 혼합물은 순물질보다 높은 온도에서 끓습니다. 물에 소금을 넣어 소금물이 되면 물의 끓는점인 100℃보다 더 높은 온도에서 끓게 되는 것이죠.

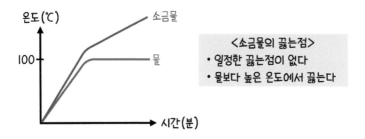

▲ 그림 28-9 물과 소금물을 가열할 때 온도 변화 그래프

순물질과 혼합물을 냉각시키는 경우도 비교해 봅시다. 그림 28-10은 액체 상태의 물과 소금물을 냉각할 때 온도 변화 그래프를 나타낸 것인데, 물을 냉각하면 온도가 내려가다가 0℃에서 온도가 일정하게 유지됩니다. 즉, 물의 어는점이 0℃임을 알 수 있죠. 하지만 소금물을 냉각하면 온도

가 일정하게 유지되는 구간이 없이 계속 낮아지므로 소금물의 어는점을 정확히 알기 어렵습니다. 또한 물에 소금을 넣어 소금물이 되면 물의 어는점인 0℃보다 더 낮은 온도에서 얼게 됩니다.

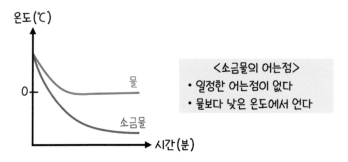

▲ 그림 28-10 물과 소금물을 냉각할 때 온도 변화 그래프

이와 같이 혼합물은 끓는점과 녹는점이 일정하지 않으므로 순물질과 혼합물의 가열 그래프 또는 냉각 그래프를 비교하면 혼합물과 순물질을 구별할 수 있습니다. 또한, 물에 소금을 넣어 혼합물인 소금물을 만들면 순물질일 때보다 끓는점은 높아지고 어는점은 낮아집니다.

다시 말해 소금물은 물보다 더 높은 온도에서 끓고, 더 낮은 온도에서 얼게 되는데, 어는점은 녹는점과 같으므로 혼합물이 순물질보다 더 낮은 온도에서 녹게 됩니다.

겨울철에 도보에 눈이 쌓이면 눈을 빨리 녹이기 위해 염화 칼슘을 뿌리는 것은 혼합물의 녹는점이 낮아지는 것을 이용한 것입니다. 얼음은 0℃가 되어야 녹지만, 염화 칼슘을 뿌려 혼합물을 만들면 어는점이 낮아져서 더 낮은 온도에서 녹으므로 눈이 평소보다 빨리 녹게 됩니다.

더 알아보기

압력과 끓는점

물질의 끓는점은 압력에 따라 달라질 수 있으므로 물질의 끓는점을 나타낼 때는 압력을 함께 나타내야 합니다. 보통 물질의 끓는점은 1기압에서 측정한 것을 의미합니다. 압력이 높아지면 물질의 끓는점도 높아지고, 압력이 낮아지면 물질의 끓는점도 낮아집니다.

예를 들어 높은 산에서 라면을 끓이는 경우를 상상해 볼까요? 높은 산에서는 기압이 낮으므로 물의 끓는점이 낮아져 100℃보다 낮은 온도에서 물이 끓어버려서 면이 잘 익지 않습니다. 반면에 압력솥은 솥 내부의 압력을 높여 물의 끓는점을 높이므로 더 높은 온도의 물에서 밥을 짓게 되어 쌀이 더 잘 익게 됩니다.

✔ 고체 상태의 순물질을 가열하면 고체에서 액체로 상태 변화하는 동안 온도가 일정하게 유지되는데, 이때의 온도를 ⓛⓛⓩ이라고 한다.

✔ 액체 상태의 순물질을 가열하면 액체에서 기체로 상태 변화하는 동안 온도가 일정하게 유지되는데, 이때의 온도를 ⓚⓛⓩ이라고 한다.

✔ 액체 상태의 순물질을 냉각하면 액체에서 고체로 상태 변화하는 동안 온도가 일정하게 유지되는데, 이때의 온도를 ⓞⓛⓩ이라고 한다.

✔ 끓는점, 녹는점, 어는점은 물질의 고유한 특성이며, 물질의 양에 관계없이 일정하다.

✔ ⓗⓗⓜ은 끓는점, 녹는점, 어는점이 일정하게 나타나지 않으므로 이를 통해 순물질과 혼합물을 구별할 수 있다.

정 답
─────────────────────────────

1. 녹는점   2. 끓는점   3. 어는점   4. 혼합물

29장

혼합물 분리 방법

혼합물 분리하기(1)

혼합물 분리하기(2)

QR 코드를 스캔하면 유튜브 강의 영상을 볼 수 있어요!

연계 교과 : 중2 과학 Ⅵ. 물질의 특성

26장~28장에서 살펴본 밀도, 용해도, 끓는점과 같은 물질의 특성은 순물질이 갖는 고유한 성질입니다. 하지만 순물질들이 서로 섞여서 혼합물이 되더라도 각각의 순물질이 가진 고유한 성질은 변하지 않고 그대로 유지됩니다. 따라서 순물질이 가진 물질의 특성을 이용하면 혼합물에서 순물질을 다시 분리할 수 있습니다.

다만 이때 혼합되어 있는 순물질의 특성에 따라 적합한 분리 방법을 사용해야 하는데, 29장에서는 혼합물을 분리할 때 사용할 수 있는 다양한 방법들에 대해 알아봅시다.

끓는점 차이로 분리하기

무인도에 갇혀서 마실 물을 구해야 하는데 주위에 바닷물밖에 없는 상황이라고 상상해 봅시다. 바닷물에는 많은 양의 소금이 녹아 있으므로 그냥 마실 수 없고 반드시 소금을 제거해야 마실 수 있는 물인 식수가 됩니다. 어떻게 하면 바닷물에서 소금을 제거하고 물만 분리할 수 있을까요?

먼저 그림 29-1과 같이 큰 용기에 바닷물을 넣고, 가운데 컵을 놓습니다. 용기를 비닐로 덮고 가운데 돌을 얹어서 경사가 생기도록 만들어 줍니다. 일정 시간이 지나면 바닷물로부터 물이 증발해 수증기가 되는데, 비닐 바깥쪽은 상대적으로 온도가 낮으므로 비닐 표면에서 수증기가 액화되어 물방울이 맺힙니다. 이 물방울들이 경사면을 따라 가운데로 모여서 컵에 떨어지면, 컵에는 소금이 들어 있지 않은 물만 모을 수 있습니다.

이와 같이 어떤 액체 혼합물로부터 특정 액체를 기화시킨 후 그 기체를 다시 냉각시켜 순수한 액체로 분리하는 방법을 **증류**라고 합니다.

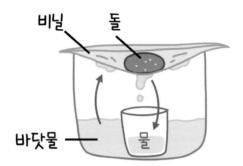

▲ 그림 29-1 바닷물로부터 순수한 물을 분리하는 방법

증류를 이용하면 막걸리(곡식을 발효시켜 만든 우리나라 전통 술)에서 에탄올 성분만 분리하여 순수한 소주를 만들 수 있습니다. 그림 29-2는 '소줏고리'라는 장치인데, 소줏고리는 증류를 이용하여 막걸리에서 에탄올을 분리하여 소주를 만드는 장치입니다.

소줏고리에 막걸리를 넣고 가열하면 ①에탄올의 끓는점인 78℃ 부근에서 에탄올이 기화하는데 ②기화된 에탄올이 찬물이 담긴 그릇에 닿으면 액화되어 소줏고리의 가지를 따라 흘러나와 분리됩니다.

이와 같이 혼합물을 가열해 끓어 나오는 기체 물질을 다시 냉각해 액체 물질로 분리해 얻는 방법을 증류라고 합니다.

찬물

②

①

막걸리

에탄올

▲ 그림 29-2 소줏고리를 이용하여 막걸리로부터 에탄올을 분리해 소주를 만드는 방법

그림 29-3은 실험에서 사용하는 일반적인 증류 장치를 나타낸 것으로, 소줏고리와 원리는 동일합니다. 증류 장치를 이용하여 물과 에탄올이 섞인 혼합물을 분리하는 과정을 살펴볼까요?

에탄올의 끓는점은 78℃이고, 물의 끓는점은 100℃이므로 물과 에탄올의 혼합물을 가열하면 에탄올이 먼저 끓어 기화됩니다. 기화된 에탄올은 오른쪽에 연결된 관을 따라 빠져나가는데, 기화된 에탄올을 다시 냉각시켜 액체 상태로 만들기 위해서 '리비히 냉각기'라는 장치를 사용합니다.

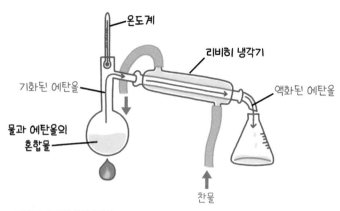

온도계

리비히 냉각기

기화된 에탄올

액화된 에탄올

물과 에탄올의
혼합물

찬물

▲ 그림 29-3 증류 장치의 원리

리비히 냉각기 안에는 긴 관이 있어서 기화된 에탄올이 지나갈 수 있는데, 관을 둘러싸고 있는 부분에 연결된 고무 호스를 통해 차가운 물이 관을 둘러싸면서 에탄올 증기를 냉각시킵니다. 냉각기 끝에 삼각 플라스크를 연결하면, 액화된 에탄올이 조금씩 떨어지며 모입니다.

그림 29-3의 장치로 물과 에탄올의 혼합물을 가열하면 혼합물의 온도 변화는 그림 29-4와 같이 나타납니다. 처음에는 혼합물의 온도가 증가하다가 에탄올의 끓는점인 78℃ 정도가 되면 에탄올이 기화됩니다. 에탄올이 모두 기화된 후 온도가 다시 증가하다가 100℃ 정도가 되면 물이 기화됩니다.

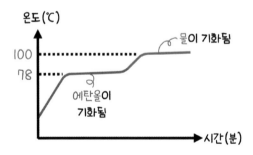

▲ 그림 29-4 물과 에탄올의 혼합물을 가열할 때 온도 변화 그래프

끓는점 차이를 이용한 원유의 증류탑

끓는점 차이를 이용한 증류 방법은 원유를 분리할 때도 사용됩니다. 원유는 땅에서 처음 채굴된 상태의 기름으로 휘발유, 등유, 경유, 중유 등 다양한 기름이 섞여 있는 상태입니다. 물질의 끓는점을 이용하면 여러 가지 기름이 섞인 원유도 한꺼번에 분리할 수 있습니다. 원유를 분리하기 위해 그림 29-5와 같은 증류탑을 이용하는데, 원유를 넣고 370℃ 이상의 온도로 가열하면 증류탑의 각 층에서 끓는점에 따라 기름이 종류별로 분리되어 나옵니다.

탑의 맨 꼭대기에는 **석유 가스**가 기체 형태로 분리되는데, 석유 가스를 운반하기 쉽게 액체 상태로 만든 것이 LPG(액화 석유 가스)입니다. 석유 가스는 주방용이나 난방용으로 사용되며, 부탄 가스도 LPG의 한 종류입니다. 그 아래 층에서는 주로 자동차의 연료로 사용되는 **휘발유**가 분리되고, 그 아래 층에서는 주로 항공기의 연료로 사용되는 **등유**가 분리됩니다. 그 아래 층에서는 크기가 큰 차량이나, 트럭, 버스같은 운송 수단의 연료로 사용되는 **경유**가 분리됩니다. 그 아래 층에서는 선박의 연료로 사용되는 **중유**가 분리되고, 맨 아래 층에서는 도로를 포장하는 재료로 사용되는 고체 찌꺼기인 **아스팔트**가 분리됩니다.

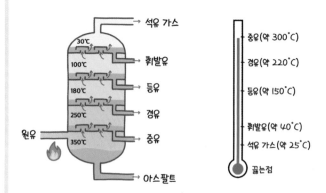

▲ 그림 29-5 원유를 분리할 때 사용되는 증류탑과 원유를 이루는 성분들의 끓는점

증류탑에서 원유가 분리되는 원리를 좀 더 자세히 살펴볼까요? 그림 29-5의 오른쪽 그림은 원유에 포함된 석유 가스, 휘발유, 등유 등의 물질을 끓는점 순서대로 나타낸 것입니다. 증류탑 아래쪽에서는 원유를 370℃ 이상의 온도로 가열하는데, 이는 원유에 포함된 모든 물질들이 끓어 기화되기에 충분한 온도입니다.

증류탑은 위쪽으로 올라갈수록 온도가 낮아지므로, 기화된 물질들이 각 층에 연결된 통로를 따라 올라가다가 자신의 끓는점보다 낮은 온도 층에 도달하면 액화되어 관을 따라 빠져나가는 원리입니다.

예시로 그림 29-6의 중유와 경유가 분리되는 과정을 살펴봅시다. 중유는 끓는점이 약 300℃이므로 온도가 약 350℃인 첫 번째 층에서는 기화된 상태로 올라가 두 번째 층에 도달합니다. 두 번째 층의 온도는 약 250℃로 중유의 끓는점보다 낮은 온도라서 이 층에서 중유는 액화되어 바닥의 관을 따라 빠져나오게 됩니다.

경유는 끓는점이 약 220℃이므로 첫 번째 층(350℃)을 기체 상태로 통과하고 두 번째 층(250℃)도 기체 상태로 통과합니다. 그런데 온도가 180℃인 세 번째 층에 도달하면 자신의 끓는점보다 낮은 온도이므로 이 층에서 경유는 액화되어 관을 따라 빠져나오게 됩니다.

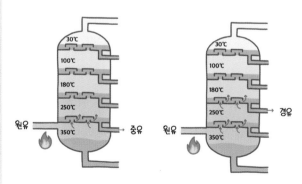

▲ 그림 29-6 중유와 경유가 분리되는 과정

이런 원리로 그림 29-5에서 끓는점이 약 150℃인 **등유**는 온도가 약 100℃인 네 번째 층에서 분리되고, 끓는점이 약 40℃인 **휘발유**는 모든 층을 기체 상태로 통과해 올라간 후 온도가 약 30℃인 꼭대기 층에서 분리됩니다. 마지막으로 끓는점이 약 25℃로 가장 낮은 **석유 가스**는 모든 층에서 기체 상태로 존재하므로 액화되지 않고 맨 꼭대기 층에서 기체 상태로 분리됩니다. 그리고 원유에 포함된 물질 **아스팔트**는 기화되지 않고 고체 상태로 배출됩니다.

이처럼 증류탑의 원리는 원유 혼합물을 매우 높은 온도로 가열해 기화시킨 후 각 물질들이 기체 상태로 올라가다가 자신의 끓는점보다 낮은 온도의 층에 이르면 액화되는 원리를 이용한 것입니다. 원유 속 물질들이 고유한 끓는점을 가지고 있으며, 물질마다 끓는점이 다르므로 물질의 끓는점 차이를 이용해 혼합물을 분리할 수 있는 것이죠.

밀도 차이로 분리하기

서로 섞이지 않는 액체 혼합물은 그림 29-7과 같이 **분별 깔때기**라는 장치를 이용해서 쉽게 분리할 수 있습니다. 분별 깔때기는 서로 섞이지 않는 액체 혼합물을 밀도 차이를 이용해 분리하는 장치입니다.

예를 들어 물과 식용유는 서로 극성이 달라서 섞이지 않으므로 분별 깔때기를 이용해 분리할 수 있습니다. ①먼저 분별 깔때기 위쪽의 마개를 열어 물과 식용유의 혼합물을 넣습니다. 물의 밀도가 1g/mL이고 식용유의 밀도는 0.9g/mL이므로 ②시간이 지나면 밀도가 작은 식용유가 위쪽에, 밀도가 큰 물이 아래쪽에 위치해 두 개의 층으로 분리됩니다. 이때 ③아래의 콕을 열어 밀도가 큰 물을 천천히 분리합니다. 이렇게 분별 깔때기를 이용하면 서로 섞이지 않는 액체 혼합물을 밀도 차이를 이용해서 쉽게 분리할 수 있습니다.

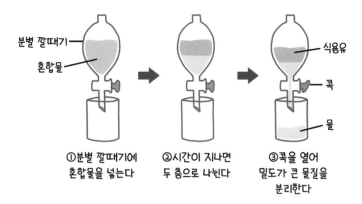

▲ 그림 29-7 분별 깔때기로 액체 혼합물을 분리하는 과정

같은 원리로 바다에 기름이 유출되는 경우에도 밀도 차이를 이용해 기름을 제거할 수 있습니다. 기름의 밀도가 바닷물의 밀도보다 작아서 기름이 물 위에 떠있으므로 그림 29-8과 같이 오일 펜스를 이용해서 물 위에 떠 있는 기름이 다른 데로 흘러가지 못하게 막아 줍니다. 이후에 바닷물 위에 흡착포를 덮어서 기름을 흡수합니다.

▲ 그림 29-8 오일 펜스와 흡착포는 밀도 차이를 이용해 기름을 제거하는 방법이다.

액체뿐만 아니라 고체 혼합물도 밀도 차이를 이용해서 분리할 수 있습니다. 서로 밀도 차이가 큰 고체 혼합물의 경우에 두 고체의 중간 정도 밀도를 가진 액체를 넣으면 쉽게 분리할 수 있습니다. 예를 들어 물보다 밀도가 작은 고체와 물보다 밀도가 큰 고체가 그림 29-9와 같이 섞여 있다면, 물을 넣었을 때 물보다 밀도가 작은 물질은 위로 뜨고, 물보다 밀도가 큰 물질은 아래로 가라앉을 것입니다. 이때 물 위에 뜨는 물질만 체로 걸러주면 간단하게 분리할 수 있습니다.

▲ 그림 29-9 밀도 차이를 이용해 고체 혼합물을 분리하는 방법

용해도 차이로 분리하기

밀도나 끓는점으로 분리하기 어려운 고체 혼합물은 용해도 차이를 이용해 분리할 수 있습니다.

예를 들어 소금과 모래가 섞여있는 혼합물은 그림 29-10과 같이 용해도 차이를 이용한 거름 장치로 분리할 수 있습니다. 먼저 소금과 모래의 혼합물을 물에 넣은 후 거름종이를 끼운 깔때기에 천천히 붓습니다. 소금은 물에 잘 녹으므로 물에 녹아 있는 상태로 거름종이를 통과하는데, 모래는 물에 녹지 않으므로 거름종이를 통과하지 못하고 걸러집니다. 이후에 소금이 녹아있는 물을 가열해서 물을 증발시키면 순수한 소금만 분리해서 얻을 수 있습니다.

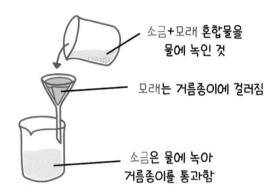

소금+모래 혼합물을
물에 녹인 것

모래는 거름종이에 걸러짐

소금은 물에 녹아
거름종이를 통과함

▲ **그림 29-10** 거름 장치로 모래와 소금의 혼합물 분리하기

이와 같이 어떤 용매에 녹는 정도, 즉 용매에 대한 용해도 차이를 이용해서 용매에 녹지 않는 성분 물질을 걸러내는 방법을 **거름**과 **추출**이라고 합니다.

그림 29-11과 같이 거름종이 위에 원두 커피 가루를 넣고 뜨거운 물을 넣으면 커피 성분만 녹아서 내려오는 것도 거름과 추출의 원리가 이용된 것입니다. 이때 용매에 녹지 않고 거름종이에 남아있는 물질들은 걸러진 것이고, 용매에 녹아 아래로 빠져나온 성분은 추출된 것입니다.

거름과 추출은 함께 일어나므로 같은 분리 방법이라고 생각할 수 있지만, 거름이 어떤 용매에 '녹지 않는 성분' 물질을 걸러내는 것이라면, 추출은 어떤 용매에 '녹는 성분'을 추출하는 것입니다. 분리하려고 하는 물질을 거름을 통해 분리할 것이라면 그 물질이 잘 녹지 않는 용매를 선택해야 하고, 추출을 통해 분리할 것이라면 그 물질만 잘 녹일 수 있는 용매를 선택해야 한다는 차이점이 있습니다.

▲ 그림 29-11 거름과 추출

용해도 차이를 이용해 혼합물을 분리하는 방법으로 **분별 결정**이라는 방법도 있습니다. 분별 결정은 고체 혼합물을 높은 온도의 용매에 녹인 후, 가열 또는 냉각을 시켜 순수한 고체를 얻는 방법입니다. 예를 들어 소금 20g과 붕산 20g이 섞인 혼합물을 분리하는 과정을 살펴볼까요? 먼저 소금과 붕산의 혼합물을 100℃의 물 100g에 녹여 불포화 용액을 만듭니다. 이후 용액의 온도를 30℃까지 서서히 냉각시키면, 그림 29-12의 왼쪽 그래프와 같이 소금은 여전히 불포화 상태이므로 용매 안에 잘 녹아 있게 됩니다. 하지만 붕산은 그림 29-12의 오른쪽 그래프와 같이 과포화 상태가 되어 13g의 용질이 석출됩니다. 따라서 혼합물의 용액 안에는 석출된 붕산이 가라앉게 되므로, 혼합물의 용액을 거름종이로 거르면 붕산만 걸러집니다. 붕산과 소금의 혼합물처럼 온도에 따른 용해도 변화가 큰 고체와 작은 고체가 섞인 혼합물은 이와 같은 분별 결정의 방법을 이용해 분리할 수 있습니다.

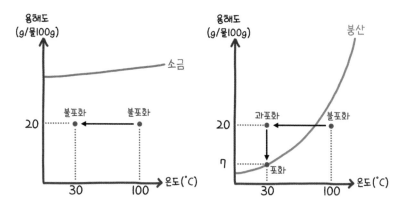

▲ 그림 29-12 소금은 온도를 낮추어도 여전히 불포화 상태지만, 붕산은 온도를 낮추면 과포화 상태가 된다.

크로마토그래피

밀도, 끓는점, 용해도 등의 성질이 모두 비슷한 순물질들이 서로 섞여 있는 혼합물의 경우에는 **크로마토그래피**라는 방법을 이용해 분리할 수 있습니다. 예를 들어 우리가 흔히 사용하는 사인펜에는 다양한 색소들이 혼합되어 있는데 크리마토그래피 방법을 사용하면 색소를 분리할 수 있습니다.

▲ 그림 29-13 사인펜은 다양한 색소로 혼합되어 있다.

그림 29-14와 같은 방법을 이용해 사인펜 속 색소를 분리할 수 있습니다. 먼저 거름종이를 얇게 자른 후에 아래쪽에 연필로 **기준선**을 표시하고, 표시한 기준선 중앙에 분리하고자 하는 사인펜의 점을 찍는데 이 점을 **색소점**이라고 합니다. 색소점을 찍은 거름종이를 유리관 안에 넣고 기준선 높이보다 넘치지 않게 물을 넣고, 물이 증발하지 않게 비닐랩을 씌웁니다. 시간이 흐르면 종이를 따라 물이 위로 이동함에 따라 사인펜 속 색소들도 물을 타고 위로 이동하는 것을 볼 수 있습니다. 이때 색소마다 이동하는 속도가 달라서 이동 속도가 빠른 성분은 위쪽에, 이동 속도가 느린 물질은 아래쪽에 위치하게 됩니다. 이와 같이 크로마토그래피는 혼합물에 포함된 물질이 물과 같은 용매를 따라 이동하는 속도 차이를 이용해 분리하는 방법입니다. 크로마토그래피에서는 분리하려는 물질의 종류에 따라 물 대신에 다른 용매를 사용할 수 있습니다.

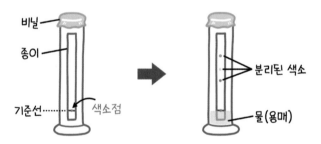

▲ **그림 29-14** 크로마토그래피를 이용해 사인펜 속 색소를 분리하는 방법

크로마토그래피를 이용해 혼합물을 분리할 수 있는 이유는 물질마다 용매를 따라 이동하는 속도가 다르기 때문입니다. 물질이 용매를 따라 이동하는 속도는 어떻게 비교할까요?

크로마토그래피에서는 물질의 **전개율**이라는 것을 비교하는데, 전개율이란 용매가 이동한 거리에 비해서 성분 물질이 얼마나 이동했는지를 비율로 나타낸 것입니다. 전개율을 계산하는 방법은 그림 29-15와 같이 기준선으로부터 '용매가 이동한 거리'를 측정하고, 사인펜 속 '색소들이 이동한 거리'를 측정하여 비율을 나타냅니다.

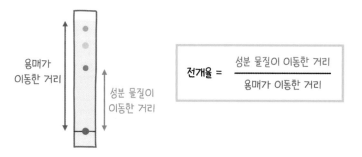

$$전개율 = \frac{성분\ 물질이\ 이동한\ 거리}{용매가\ 이동한\ 거리}$$

▲ **그림 29-15** 크로마토그래피에서 성분 물질의 전개율을 계산하는 방법

QnA

소주를 증류 방법으로만 만들 수 있을까요?

우리나라의 전통 소주는 그림 29-2의 증류 과정을 통해 만들어진 것입니다. 증류는 곡식을 발효시켜 막걸리를 만드는 과정에서 생성된 에탄올 성분만 분리하기 위한 방법이었죠. 하지만 오늘날 시중에 파는 소주는 에탄올을 물에 희석시켜 만들어진 것입니다. 이 방법으로 만드는 희석식 소주는 전통 방식으로 만드는 증류식 소주와 맛은 조금 차이가 있지만, 제조 과정이 비교적 간단하다는 장점이 있습니다.

▲ 그림 29-16 희석 방법으로 만드는 소주와 전통 증류 방법으로 만드는 소주

✔ 물과 에탄올처럼 서로 끓는점이 다른 액체 혼합물은 끓는점 차이를 이용한 ㉢㉣의 방법으로 분리할 수 있다.

✔ 물과 기름처럼 서로 섞이지 않는 액체 혼합물은 밀도 차이를 이용한 ㉥㉥㉠㉸㉠로 분리할 수 있다.

✔ 소금과 모래처럼 용해도가 다른 고체 혼합물은 용해도 차이를 이용해 ㉠㉣과 ㉺㉺의 방법으로 분리할 수 있다.

✔ 소금과 붕산처럼 온도에 따른 용해도 변화가 크게 차이 나는 고체 혼합물은 ㉥㉥ ㉠㉢의 방법으로 분리할 수 있다.

✔ 물질이 용매를 따라 이동하는 속도 차이를 이용한 ㉠㉣㉤㉦ ㉠㉣㉳를 통해 혼합물을 분리할 수 있다.

7부

수권과 해수의 순환

30장

수권의 종류와 특징

QR 코드를 스캔하면 유튜브 강의 영상을 볼 수 있어요!

연계 교과 : 중2 과학 Ⅶ. 수권과 해수의 순환

해수와 담수

지구에 있는 모든 물을 **수권**이라고 합니다. 수권은 그림 30-1과 같이 바다에 있는 물과 육지에 있는 물로 나눌 수 있습니다. 수권 중에서 **바다에 있는 물**을 **해수**海水라고 하며, 해수는 수권의 대부분인 약 97.47%를 차지하지만, 짠맛이 나서 일상생활이나 공업 활동 등에 활용하기가 어렵습니다.

수권에서 해수를 제외한 나머지는 육지에 있는 물이며 빙하, 지하수, 하천수와 호수로 나뉩니다. **빙하**는 지표에 내린 눈이 쌓여 단단하게 굳은 것으로, 높은 고산지대나 극 지방에 존재합니다. **지하수**는 지표면 아래를 흐르는 물로, 빗물에 의해 지속적으로 채워지는 특징이 있습니다. **하천수**는 지표면 위를 흐르는 물이고, **호수**는 지표면 위에 고여 있는 물입니다.

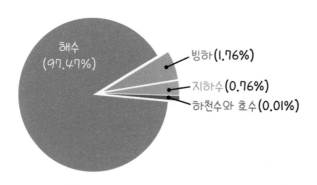

▲ 그림 30-1 수권의 종류

☆ tip! ──────────────────────────────
지구를 구성하는 요소에는 지권(땅), 수권(물), 기권(공기), 생물권(식물, 동물), 외권(우주)이 있습니다.

수자원

가정이나 농업, 공업 등에서 활용하는 물을 **수자원**이라고 합니다. 수자원으로는 짠맛이 없는 물을 활용하는데, **짠맛이 나지 않는 물**을 **담수**라고 합니다. 육지에 있는 물의 대부분은 짠맛이 없는 담수이므로 수자원으로는 육지에 있는 물을 활용합니다. 따라서 육지에 있는 물은 수권 중에서 매우 적은 양을 차지하며, 그중에서도 빙하는 고체이므로 수자원으로 활용하기 어렵습니다. 따라서 육지에 있는 물 중에서 수자원으로 바로 활용할 수 있는 담수는 지하수, 하천수, 호수뿐인데, 그 양은 수권의 약 0.77%로 매우 부족합니다.

이처럼 우리가 활용할 수 있는 수자원의 양은 한정되어 있는데, 물 사용량은 계속 늘어나고 있어 수자원 부족 현상이 점점 심해지고 있습니다. 따라서 일상생활에서 물을 절약하고 물 오염을 줄이려는 노력이 반드시 필요합니다.

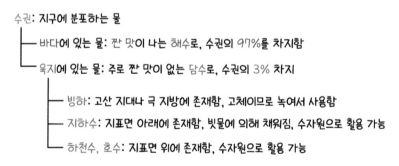

▲ 그림 30-2 수권의 종류와 특징 정리

☆ **tip!** ─────────────────────────────

일반적으로 지하수, 하천수, 호수 등의 물은 염류가 녹아 있지 않은 담수지만, 일부 호수 또는 지하수는 염류가 녹아 있기도 합니다.

QnA

수자원으로 해수를 사용할 수 없나요?

수권의 대부분을 차지하는 해수는 짠맛이 있어서 농업이나 공업에 바로 활용하기 어렵습니다. 만약 해수를 사용하려면 짠맛을 제거하여 담수로 만드는 과정이 필요합니다. 우리나라에서도 해수를 담수로 만들기 위한 플랜트 산업을 확대하고 있지만, 이를 위해서는 많은 비용과 노력이 필요합니다.

✔️ ㉠㉢은 바다에 있는 물과 육지에 있는 물로 나뉜다.

✔️ 바다에 있는 물인 ㉣㉠는 수권의 약 97%를 차지하며, 짠 맛이 있어 수자원으로 바로 활용하기 어렵다.

✔️ 육지에 있는 물은 수권의 약 3%를 차지하며, 빙하, 지하수, 하천수와 호수로 이루어져 있다.

✔️ 짠 맛이 나지 않는 물을 ㉢㉠라고 하며, 육지에 있는 물은 대부분 담수이다.

✔️ 수자원으로 활용할 수 있는 담수는 지하수, 하천수, 호수이며, 그 양이 매우 적으므로 수자원을 절약하려는 노력이 필요하다.

정답

1. 수권 2. 해수 3. 담수

31장

해수의 특징

해수의 온도에 따른
세 가지 층

해수에 녹아있는
염분

해수의
일정한 흐름

해수의
높이 변화

QR 코드를 스캔하면 유튜브 강의 영상을 볼 수 있어요!

연계 교과 : 중2 과학 Ⅶ. 수권과 해수의 순환

해수의 온도에 따른 세 가지 층

해수는 수권의 대부분인 97.47%를 차지하며, 우리나라는 바다로 둘러싸여 있으므로 해수의 특징을 아는 것은 매우 중요합니다. 31장에서는 해수의 여러 가지 특징들을 알아보겠습니다.

해수는 깊이에 따라 온도가 달라집니다. 그림 31-1은 우리나라 주변 해수의 깊이에 따른 온도 변화를 나타낸 것으로, 가로축은 해수의 온도를, 세로축은 해수의 깊이를 나타냅니다. 해수 깊이에 따른 온도 변화에 따라 크게 세 가지 층으로 나눌 수 있습니다. 가장 윗부분에 있는 혼합층은 태양 에너지를 가장 많이 받으므로 수온이 높으며, 바람의 영향으로 해수가 혼합되어 수온이 일정하게 유지됩니다. 해수의 가장 아랫부분인 심해층은 태양 에너지가 도달하지 못해 수온이 약 −3℃로 매우 낮으며, 계절의 변화를 느낄 수 없습니다. 마지막으로 혼합층과 심해층 사이의 수온 약층은 해수의 깊이가 깊어질수록 수온이 급격하게 감소하는 특징이 있습니다.

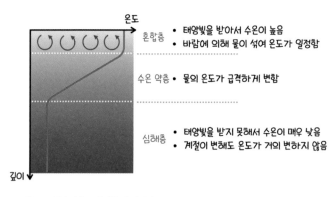

▲ 그림 31-1 해수의 온도에 따른 세 가지 층

혼합층의 두께

해수의 가장 윗부분인 혼합층은 바람에 의해 섞이면서 수온이 일정하게 유지됩니다. 만약 바람이 없다고 가정한다면 그림 31-2의 왼쪽 그림과 같이 혼합층에서 온도가 일정하게 유지되지 않을 것입니다. 또한 바람이 강하게 불수록 해수가 잘 섞이므로 혼합층에서 수온이 일정하게 유지되는 범위가 넓어집니다. 바람이 많이 부는 지역에서의 혼합층은 그림 31-2의 오른쪽과 같이 혼합층의 두께가 더욱 두껍게 나타납니다.

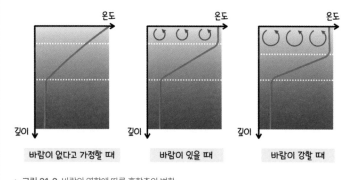

▲ 그림 31-2 바람의 영향에 따른 혼합층의 변화

해수에 녹아 있는 염분

바닷물을 증발시키면 흔히 소금이라고 부르는 염화 나트륨이 포함된 하얀 고체 가루들이 남습니다. 해수에는 **염류**라고 하는 고체 물질들이 녹아 있기 때문입니다. 염류에는 짠맛을 내는 염화 나트륨 뿐만 아니라 쓴맛을 내는 염화 마그네슘, 황산 마그네슘 등의 다양한 물질들이 포함되어 있습니다. 그중에서는 염화 나트륨이 가장 많은 양을 차지합니다.

해수 1000g을 기준으로 해수에 녹아 있는 염류의 총량(g)을 나타낸 것을 **염분**이라고 하며, 염분의 단위는 psu입니다. 예를 들어 그림 31-3과 같이 어떤 해수 1000g에 녹아있는 염류의 총량이 35g이라면 이 해수의 염분은 35psu입니다.

▲ 그림 **31-3** 해수에 녹아 있는 염류

해수에 녹아 있는 염류의 양이 변하지 않더라도 비가 많이 오거나 강물이 유입되어 물이 양이 많아지면 염분이 낮아집니다. 해수에 유입되는 물의 양이 많아지면 해수 1000g에 포함된 염류의 비율이 상대적으로 줄어들기 때문입니다.

우리나라는 그림 31-4와 같이 동해보다 서해의 염분이 더 낮은데, 서해는 중국으로부터 강물이 많이 유입되기 때문입니다. 또한 우리나라는 겨울철보다 여름철 해수의 염분이 더 낮은데, 여름철에는 장마의 영향으로 비가 많이 와서 물의 양이 많아지기 때문입니다. 이와 같이 해수의 염분은 계절과 해역에 따라서 조금씩 차이가 납니다.

▲ 그림 31-4 우리 나라 해수의 평균 염분 비교

해역마다 해수 1000g에 녹아 있는 염류의 양은 조금씩 다르지만, 염류를 구성하는 염화 나트륨, 염화 마그네슘 등의 비율은 어느 해역에서나 동일합니다. 예를 들어 서해와 동해에서 해수 1000g에 녹아 있는 염류의 양을 비교해 봅시다. 그림 31-5는 서해와 동해의 해수 1000g에 포함된 염류의 양을 측정한 것인데, 총 염류의 양을 보면 서해에는 총 31.08g의 염류가, 동해에는 총 33.66g의 염류가 녹아 있으므로 동해의 염분이 더 높습니다.

염류 중에서 염화 나트륨, 염화 마그네슘 등이 차지하는 비율을 살펴보면, 서해의 염류 31.08g중에서 염화 나트륨은 24.17g으로 약 77.8%를 차지하고, 염화 마그네슘은 3.38g으로 약 10.9%를 차지합니다. 그런데 동해의 염류 33.66g중에서도 염화 나트륨은 26.17g으로 전체 염류 중에서 약 77.7%를 차지하고, 염화 마그네슘은 3.66g으로 약 10.9%를 차지합니다. 즉, 서해와 동해에 녹아 있는 염류의 양은 다르지만 염화 나트륨, 염화 마그네슘 같은 각 염류가 차지하는 비율은 거의 동일한 것을 볼 수 있습니다. 서해와 동해뿐만 아니라 어느 해역이든지 염류의 양은 조금씩 다르지만 염화 나트륨, 염화 마그네슘 등 각 염류가 차지하는 비율은 일정합니다. 이를 **염분비 일정 법칙**이라고 합니다.

염류	서해		동해	
	질량	비율	질량(g)	비율(%)
염화 나트륨	24.17g	77.8%	26.17g	77.7%
염화 마그네슘	3.38g	10.9%	3.66g	10.9%
황산 마그네슘	1.47g	4.7%	1.60g	4.8%
기타 염류	2.06g	6.6%	2.23g	6.6%
총 염류의 양	31.08g	100%	33.66g	100%

▲ 그림 31-5 서해와 동해의 해수 1000g에 녹아 있는 염류의 양

해수의 일정한 흐름

태평양에 플라스틱 쓰레기로 이루어진 거대한 섬이 있다는 사실을 알고
있나요? 1997년에 찰스 무어 선장이 태평양을 지나다가 우연히 플라스틱
쓰레기들이 마치 섬처럼 모여있는 것을 발견했습니다. 이 쓰레기 섬에는
일본, 중국, 한국, 미국 등 다양한 나라의 언어로 쓰여진 플라스틱 쓰레기
들이 모여 있었다고 합니다.

▲ 그림 31-6 태평양의 쓰레기 섬(이미지 출처: phys.org)

각기 다른 나라에서 버려진 쓰레기들이 바다 위를 떠다니다가 어떻게 한 곳에 모이게 된 걸까요? 그 이유는 해수가 그림 31-7과 같이 일정한 방향으로 흐르며 순환하기 때문입니다. 이와 같이 바다에서 일정한 방향으로 나타나는 지속적인 해수의 흐름을 **해류**라고 하며, 해류는 온도에 따라 **난류**와 **한류**로 나뉩니다.

▲ 그림 31-7 바다에서 나타나는 큰 해류의 모습

난류는 저위도에서 고위도로 흐르는 비교적 따뜻한 해류이며, 한류는 고위도에서 저위도로 흐르는 비교적 차가운 해류입니다. 해류의 온도가 다른 이유는 그림 31-8과 같이 지구의 자전축이 기울어져 있어 햇빛을 받는 면적이 다르기 때문입니다. 저위도 지역은 좁은 면적에 태양빛이 집중되므로 비교적 수온이 따뜻한 난류가 흐르며, 고위도 지역은 넓은 면적에 태양빛을 비스듬히 받으므로 비교적 수온이 찬 한류가 흐릅니다.

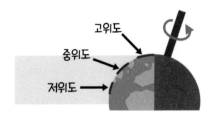

▲ **그림 31-8** 저위도에는 난류가, 고위도에는 한류가 흐른다.

우리나라는 중위도 지역이므로 그림 31-9와 같이 아래의 저위도에서는 따뜻한 난류가, 위의 고위도에서는 차가운 한류가 흘러 들어옵니다. 우리나라 주변을 흐르는 해류 중 황해 난류와 동한 난류는 저위도에서 올라오는 따뜻한 난류이며, 북한 한류는 고위도에서 내려오는 차가운 한류입니다. 이때 난류와 한류가 만나는 지역을 **조경수역**이라고 하는데, 우리나라의 동해에서는 동한 난류와 북한 한류가 만나 조경수역이 만들어집니다. 조경수역은 난류에 사는 고등어, 정어리 등의 물고기와 한류에 사는 명태, 청어 등의 물고기가 함께 모여드는 좋은 어장이 됩니다.

▲ **그림 31-9** 우리나라 주위를 흐르는 해류의 종류와 조경수역

해수의 높이 변화

해수는 밀물과 썰물에 의해 주기적으로 높이가 변합니다. 그림 31-10과 같이 해수면이 높아졌다가 낮아지는 현상에 의해 물에 잠겼던 육지가 드러나면서 섬과 육지가 연결되는 현상이 나타나기도 합니다.

밀물로 해수면의 높이가 높아졌을 때

썰물로 해수면의 높이가 낮아졌을 때

▲ 그림 31-10 밀물과 썰물에 의해 해수면의 높이가 변한다.

밀물로 인해 해수가 육지 쪽으로 들어오면 해수면의 높이가 높아지고, 썰물로 인해 해수가 바다 쪽으로 빠져나가면 해수면의 높이가 낮아집니다. 밀물로 해수면의 높이가 가장 높아졌을 때를 **만조**라고 하며, 썰물로 해수면의 높이가 가장 낮아졌을 때를 **간조**라고 합니다. 만조와 간조가 반복되면서 해수면의 높이가 주기적으로 변하는 현상을 **조석**이라고 하며, 조석 현상을 그림 31-11과 같이 나타낼 수 있습니다.

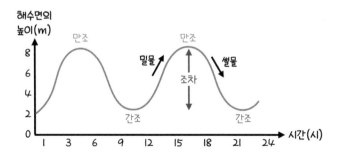

▲ 그림 31-11 하루 중 해수면의 높이 변화

주기적으로 변하는 해수면의 높이를 그래프로 나타낸 그림 31-11에서 **조차**는 만조와 간조의 높이 차, 즉 해수면의 높이가 가장 높을 때와 가장 낮을 때의 높이 차를 의미합니다. 조차가 큰 지역에서는 갯벌이 잘 발달해 수산물을 얻기 좋고, 섬과 연결된 육지가 드러나며 바닷길이 열리기도 합니다.

✔ 해수는 깊이에 따라 온도가 달라지며, 온도 변화에 따라 ⓗⓗⓒ,
ⓢⓞ ⓞⓒ, ⓢⓗⓒ의 세 가지 층으로 나뉜다.

✔ 해수의 염분은 계절이나 해역에 따라 조금씩 달라지지만, 염류 사이
의 비율은 어느 해역에서나 일정하다.

✔ 우리나라 주위에는 황해 난류, 동한 난류, 북한 한류가 흐르며, 동한
난류와 북한 한류가 만나는 곳에서는 ⓩⓖⓢⓞ이 형성된다.

✔ 밀물과 썰물에 의해 해수면의 높이가 주기적으로 변하는 ⓩⓢ
ⓗⓢ이 나타난다.

정답
1. 혼합층 2. 수온 약층 3. 심해층 4. 조경수역 5. 조석 현상

8부

열과
우리 생활

32장

열팽창과 열의 이동

QR 코드를 스캔하면 유튜브 강의 영상을 볼 수 있어요!

연계 교과 : 중2 과학 VIII. 열과 우리 생활

열팽창

우리 주위의 모든 물체들은 원자 또는 분자 등의 작은 입자들로 이루어져 있습니다. 입자들은 끊임없이 운동하고 있으며, 물체의 온도에 따라 물체를 이루는 입자들의 운동 상태가 달라집니다.

예를 들어 그림 32-1과 같이 온도가 낮은 물체는 입자들이 비교적 둔하게 움직이며, 온도가 높은 물체는 입자들이 활발하게 움직입니다.

온도가 낮은 물체

입자들이 운동이 둔하다

온도가 높은 물체

입자들이 운동이 활발하다

▲ 그림 32-1 온도에 따른 입자들의 운동 상태

물체를 가열해 온도가 높아지면 입자들의 움직임이 활발해지면서 물체를 이루는 입자들의 거리가 멀어집니다. 입자들 사이의 거리가 멀어지면 그림 32-2와 같이 입자들이 차지하는 물체의 부피가 증가하는 현상이 나타납니다. 이와 같이 **어떤 물체를 가열해 온도가 높아질 때 물체의 부피가 팽창하는 현상**을 **열팽창** 현상이라고 합니다.

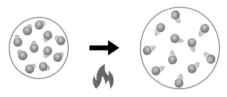

입자들의 운동이 활발해지며
부피가 팽창한다

▲ 그림 32-2 물체를 가열하면 부피가 증가한다.

열팽창 현상은 우리 주위에서 자주 볼 수 있습니다. 새로 산 구두가 작을 때 헤어 드라이기로 열을 가하면 구두가 늘어나기도 하며, 더운 여름철에는 전봇대에 연결된 전선줄의 부피가 늘어나기도 합니다. 열팽창 현상으로 인해 발생하는 문제를 막기 위해 그림 32-3과 같이 도로의 이음새 부분을 일부러 벌어지게 설치하는데, 만약 도로의 이음새를 딱맞게 설치하면 여름철에 온도가 올라가며 이음새가 팽창할 때 다리에 균열이 생길 위험이 있기 때문입니다. 또한, 치아의 일부를 충천하는 충전재를 사용할 때에도 치아와 열팽창 정도가 비슷한 물질을 사용하는데, 뜨거운 음식을 먹을 때 치아에 삽입된 충전재가 치아보다 더 많이 팽창하게 되면 치아에 균열이 생길 수 있기 때문입니다.

이음새

도로의 이음새를
약간 벌어지게 설계한다

충전재

열팽창 정도가 치아와
비슷한 물질을 사용한다

▲ 그림 32-3 열팽창 현상으로 인한 문제를 방지하기 위한 예

고체, 액체, 기체의 열팽창

물질의 열팽창 현상이 일어날 때 물질의 상태에 따라 팽창하는 정도가 다릅니다. 고체, 액체, 기체의 물질을 가열했을 때 부피가 팽창하는 정도를 비교해 보면 고체보다는 액체가, 액체보다는 기체가 더 많이 팽창합니다. 고체는 입자들이 매우 규칙적으로 배열된 상태여서 열을 받더라도 제자리에서 강하게 진동하는 정도로만 운동합니다. 따라서 고체 물질을 가열하면 그림 32-4와 같이 부피가 약간만 증가합니다.

반면에 액체와 기체는 고체에 비해 입자들이 비교적 자유롭게 움직일 수 있는 상태이므로 액체나 기체 물질을 가열하면 입자들이 훨씬 더 활발하게 움직이며 부피가 크게 증가합니다.

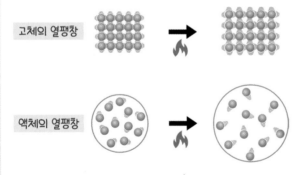

▲ 그림 32-4 고체와 액체 물질의 열팽창 비교

열이 이동하는 방법

열은 한 곳에서 다른 곳으로 이동할 수 있습니다. 예를 들어 냄비의 밑부분을 가열하면 열이 전체로 퍼지면서 냄비 전체가 뜨거워집니다. 냄비와 같은 고체 물질에서 열이 전달되는 과정은 그림 32-5와 같습니다. 먼저 고체 물질의 한쪽을 가열하면 열을 받은 입자들은 온도가 높아지며 크게 진동합니다. 이때 가열된 입자들의 진동이 이웃한 입자에게 전달되며 점점 더 많은 입자들이 열을 받아 진동하게 됩니다. 이와 같이 열을 받은 입자의 진동이 이웃한 입자들에게 차례로 전달되며 열이 이동하는 방법을 **전도**라고 합니다. 전도의 방법으로 열이 전달되는 것은 고체에서 가장 효과적으로 일어나는데, 액체나 기체는 입자들 사이의 거리가 멀어서 입자의 진동이 이웃한 입자에게 전달되기가 어렵기 때문입니다.

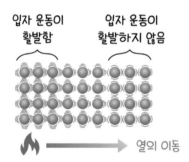

입자 운동이 활발함   입자 운동이 활발하지 않음

열의 이동

▲ 그림 32-5 전도로 열이 전달되는 과정

그렇다면 액체나 기체의 경우에는 어떤 방법으로 열이 전달될까요? 액체나 기체는 고체에 비해 입자들이 비교적 자유롭게 움직일 수 있으므로 열을 받은 입자들이 직접 이동하는 **대류**로 열이 전달됩니다. 예를 들어 그림 32-6과 같이 물의 한 쪽을 가열하면 열을 받아 온도가 높아진 입자들은 활발하게 움직이며 위쪽으로 올라갑니다. 상대적으로 온도가 낮은 입자들이 내려와서 빈 자리를 채우고, 내려온 입자들도 열을 받아 온도가 높아지면 다시 위로 올라갑니다. 이와 같은 입자들의 순환 과정을 통해 열이 전달되면서 물이 전체적으로 데워집니다.

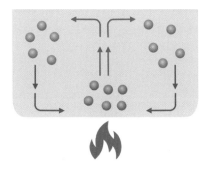

▲ 그림 32-6 대류로 열이 전달되는 과정

열을 받아 온도가 높아진 입자들은 위로 올라가고, 온도가 낮은 입자들은 아래로 내려가는 대류 현상을 통해 실내에서 난방기를 바닥에만 놓아도 방 전체가 따뜻해집니다. 그림 32-7의 왼쪽 그림과 같이 난방기 근처의 가열된 기체 입자들은 열을 받아 위로 올라가고, 차가운 기체 입자들이 아래로 내려와 빈자리를 채우는 대류를 통해 방 전체에 열이 전달되기 때문입니다. 그런데 만약 난방기를 위쪽에 설치하면 어떻게 될까요? 난방기가 위에 있다면 그림 32-7의 오른쪽 그림과 같이 따뜻한 공기는 계속 위에만 머물고, 차가운 공기는 계속 아래에만 머물게 되므로 공기의 순환이 이루어지지 못합니다. 따라서 난방의 효과를 높이려면 난방기를 아래쪽에 설치하는 것이 좋습니다.

난방기를 아래에 설치할 때   난방기를 위에 설치할 때

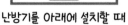

▲ 그림 32-7 효율적인 난방을 위한 난방기의 위치

☆ tip! ─────────────────────────────

효율적인 냉방을 위해서는 냉방기를 위쪽에 설치해야 대류 현상이 잘 일어납니다. 만약 냉방기를 아래쪽에 설치하면 찬 공기는 계속 아래쪽에 머물게 되므로 냉방 효과가 떨어집니다.

그림 32-8과 같이 난로 위에 주전자가 놓인 상황을 상상해 볼까요? 시간이 지나면 난로에 의해 주전자가 데워지며 주전자 속 물이 끓습니다. 여기서 난로에 의해 주전자가 데워진 것은 전도의 방법으로 열이 전달된 것이고, 주전자 속의 물이 데워진 것은 대류의 방법으로 열이 전달된 것입니다.

물체 내에서 열이 전도와 대류 중 어떤 방법으로 전달되는지 쉽게 구분하는 방법은 물체의 상태를 이용해 구분하는 것입니다. 고체에서는 열을 받은 입자들의 진동이 이웃한 입자들에게 차례로 전달되는 전도의 방법으로 열이 전달되며, 액체와 기체에서는 열을 받은 입자들이 직접 이동하는 대류의 방법으로 열이 전달됩니다. 따라서 난로에 의해 주전자가 데워진 것은 주전자가 고체이므로 전도의 방법으로 열이 전달된 것이며, 주전자 속의 물이 데워진 것은 물이 액체이므로 대류의 방법으로 열이 전달된 것으로 간단히 생각할 수 있습니다. 또한, 난로에 의해 방 전체가 데워졌다면 방에 있는 기체 입자들이 열을 전달한 것이므로 대류의 방법으로 열이 전달된 것입니다.

주전자 속 물이 데워진 것은
대류로 열이 전달된 것이다

주전자가 데워진 것은
전도로 열이 전달된 것이다

▲ 그림 32-8 난로에 의해 주전자 속 물이 데워지는 과정

전도와 대류 외에도 열이 전달되는 방법이 하나 더 있습니다. 낮에 햇빛을 쬐면 따뜻함이 느껴지는데, 이는 태양으로부터 지구에 열이 전달되기 때문입니다. 이때 열이 전달되는 방법을 **복사**라고 합니다. 복사는 전도나 대류처럼 입자를 통해 열이 전달되는 것이 아니라, 입자의 도움 없이 한 물체에서 다른 물체로 열이 직접 전달되는 방식입니다.

그림 32-9와 같이 난로 근처에 있으면 난로를 직접 만지지 않아도 따뜻함이 느껴지는 것도 난로에서 복사의 방법으로 열이 전달되기 때문입니다.

복사

▲ 그림 32-9 난로를 쬐기만 해도 따뜻함이 느껴지는 것은 복사로 열이 전달되기 때문이다.

열이 전달되는 방법인 전도, 대류, 복사를 그림 32-10과 같이 비유할 수 있습니다.

그림에 표현된 사람들을 입자라고 생각하고, 가장 왼쪽에 있는 입자로부터 가장 오른쪽에 있는 입자에게 열을 전달한다고 생각해 봅시다. 복사는 다른 입자들의 도움 없이 열을 직접 전달하는 방식이고, 전도는 입자들이 주변 입자에게 차례로 열을 전달하는 방식입니다. 마지막으로 대류는 열을 받은 입자가 직접 이동하는 방식입니다.

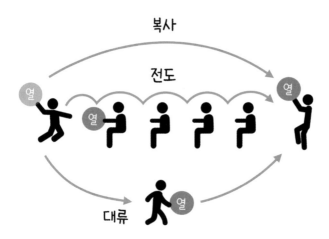

▲ 그림 32-10 열에너지가 전달되는 3가지 방법

QnA

단열이란?

어떤 물체로부터 열이 빠져나가지 못하게 막는 것을 '단열'이라고 합니다. 예를 들어 음식을 포장할 때 스타이로폼 재질의 포장 용기를 주로 사용하는데, 스타이로폼은 전도가 잘 일어나지 않는 재질입니다. 따라서 스타이로폼 재질의 포장 용기를 사용하면 외부의 열로 인해 음식이 상하는 것을 막을 수 있습니다. 또한 겨울철에 효율적인 난방을 위해서 이중창을 설치하는데, 이중창은 창문 사이에 공기층이 있어서 집 내부의 열이 전도로 빠져나가는 것을 막아줍니다.

스타이로폼 포장 용기   **이중창**

▲ 그림 32-11 단열을 위해 사용되는 스타이로폼 상자와 이중창

배운 내용 체크하기

✔ 물체의 온도가 (높을수록, 낮을수록) 물체를 구성하는 입자들의 운동이 활발하다.

✔ 물체가 열을 받아 입자들의 운동이 활발해지면 물체의 부피가 증가하는 ⓞⓟⓩ 현상이 일어난다.

✔ 전도는 고체에서 열을 받은 입자의 운동이 이웃한 입자에게 차례로 전달되며 ⓞ이 이동하는 방식이다.

✔ ⓒⓔ는 액체나 기체에서 열을 받은 입자가 직접 이동하면서 열이 전달되는 방식이다.

✔ ⓑⓢ는 입자의 도움 없이 열이 직접 전달되는 방식이다.

33장

비열과 열평형

비열

열평형

QR 코드를 스캔하면 유튜브 강의 영상을 볼 수 있어요!

연계 교과 : 중2 과학 Ⅷ. 열과 우리 생활

비열

라면과 갈비탕은 휴게소나 푸드코트에서 빼놓을 수 없는 인기 메뉴입니다. 그런데 라면은 주로 금속 냄비에 끓이고, 갈비탕은 뚝배기에 끓이는데, 이유가 무엇일까요?

금속 냄비는 온도가 빠르게 올라가므로 빨리 라면을 끓이기에 적합합니다. 반면 뚝배기는 온도가 올라가기까지는 시간이 좀 걸리지만, 한 번 뜨거워지면 그 온도가 오래 유지됩니다. 따라서 손님이 뚝배기에 든 갈비탕을 먹는 동안 음식이 식지 않는다는 장점이 있습니다.

냄비 라면   뚝배기 갈비탕

▲ 그림 33-1 금속 냄비에 끓이는 라면과 뚝배기에 끓이는 갈비탕

이처럼 어떤 물질은 온도가 쉽게 올라가지만, 어떤 물질은 온도가 쉽게 올라가지 않습니다. 이는 물질마다 **비열**이라는 성질이 다르기 때문입니다.

비열이란 그림 33-2와 같이 어떤 물질 1g(또는 1kg)의 온도를 1℃ 높이는 데 필요한 열의 양을 의미합니다. 물질의 온도를 높이는 데 필요한 열의 양을 비교했을 때, 뚝배기는 금속 냄비보다 온도를 높이는 데 필요한 열의 양이 더 많습니다. 따라서 뚝배기의 비열이 금속 냄비보다 더 큽니다.

어떤 물질 1g의 온도를
1°C 높이는 데 필요한 열의 양

▲ 그림 33-2 비열의 의미

비열이 큰 뚝배기는 온도를 높이는 데 많은 열이 필요하지만 한 번 온도
가 높아지면 잘 식지 않습니다. 반면에 비열이 작은 금속 냄비는 온도를
높이기는 쉽지만 뚝배기보다 금방 식어버립니다. 즉, 같은 양의 열을 받
아도 물질의 비열이 클수록 온도가 쉽게 변하지 않으며, 물질의 비열이
작을수록 온도가 쉽게 변합니다.

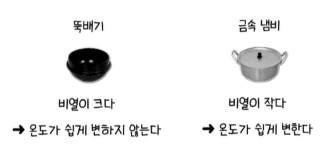

뚝배기

금속 냄비

비열이 크다

비열이 작다

➔ 온도가 쉽게 변하지 않는다 ➔ 온도가 쉽게 변한다

▲ 그림 33-3 뚝배기와 금속 냄비의 비열 비교

다른 예로 여름철에 바닷가의 모래와 바닷물의 비열을 비교해 봅시다. 여
름철에 모래사장을 밟으면 매우 뜨겁지만 바닷물에 들어가면 시원함을
느낄 수 있습니다. 모래와 바닷물이 같은 양의 태양열을 받아도 온도가
다른 이유 역시 모래와 물의 비열이 다르기 때문입니다. 모래는 비열이
작아서 태양열을 받으면 온도가 쉽게 올라가지만, 물은 비열이 커서 태양

열을 받아도 온도가 쉽게 올라가지 않습니다.

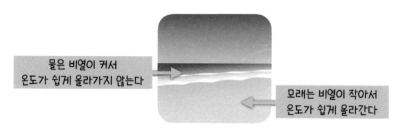

물은 비열이 커서
온도가 쉽게 올라가지 않는다

모래는 비열이 작아서
온도가 쉽게 올라간다

▲ 그림 33-4 모래와 바닷물의 비열

열평형

32장에서 살펴본 것처럼 물체의 온도가 높을수록 물체를 이루는 입자들이 활발하게 움직입니다. 그림 33-5와 같이 온도가 서로 다른 물체 A와 B가 있다고 할 때, 물체 A가 B보다 온도가 높으므로 A의 입자들이 더 활발하게 움직입니다. 온도가 다른 두 물체를 접촉시키면 어떻게 될까요?

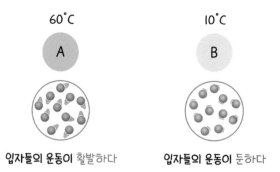

60°C
A

10°C
B

입자들의 운동이 활발하다

입자들의 운동이 둔하다

▲ 그림 33-5 온도가 다른 물체 A와 B의 입자 운동 상태

온도가 다른 A와 B를 접촉시키면 A에서 B로 열이 이동하면서 A의 온도는 낮아지고 B의 온도는 높아집니다. 그림 33-6은 A와 B를 접촉시킨 후 시간에 따른 두 물체의 온도 변화를 나타낸 것입니다. A는 B에게 열을 주면서 온도가 점점 낮아지고, B는 A로부터 열을 받으면서 온도가 점점 높아집니다.

이와 같이 온도가 다른 물체를 접촉시키면 온도가 높은 물체에서 낮은 물체로 열이 이동하다가 두 물체의 온도가 결국 같아지는데, 이 상태를 **열평형** 상태라고 합니다. 열평형 상태가 된 이후에는 더 이상 온도가 변하지 않습니다.

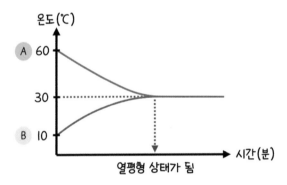

▲ 그림 33-6 온도가 다른 두 물체를 접촉했을 때 온도 변화 그래프

열평형 상태가 되기까지 물체의 온도가 변하면서 물체를 이루는 입자들의 운동 상태도 달라집니다. A는 온도가 감소함에 따라 입자들의 운동 상태가 처음보다 둔해지지만, B는 온도가 올라감에 따라 입자들의 운동 상태가 처음보다 활발해집니다.

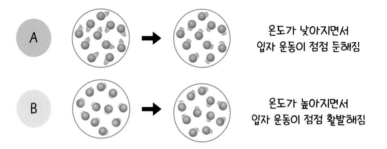

온도가 낮아지면서
입자 운동이 점점 둔해짐

온도가 높아지면서
입자 운동이 점점 활발해짐

▲ 그림 33-7 온도가 다른 두 물체를 접촉했을 때 입자의 운동 상태 변화

+ 더 알아보기

열의 양과 온도 변화

그림 33-6에서 열평형에 도달하기 전까지 A에서 B로 계속 열이 이동하는데, 열이 다른 데로 빠져나가지 않는다고 가정한다면 A가 잃은 열의 양은 B가 얻은 열의 양과 동일합니다. 그런데 온도 변화를 살펴보면 A는 열평형에 도달하기까지 30℃가 내려갔고, B는 20℃가 올라갔습니다. 즉, A에서 감소한 온도와 B에서 증가한 온도는 같지 않습니다.

A가 잃은 열과 B가 얻은 열의 양이 같으면 A의 온도가 감소한 만큼 B의 온도가 증가해야 맞을 것 같지만, A와 B의 비열이 다르다면 같은 양의 열을 주고 받더라도 온도 변화량은 다를 수 있습니다.

예를 들어 A가 금속 냄비이고, B가 뚝배기라고 가정해 봅시다. 금속 냄비에서 빠져나간 열에너지가 그대로 뚝배기에 전달된다고 해도, 비열이 큰 뚝배기는 온도가 잘 변하지 않으므로 금속 냄비의 온도가 감소한 만큼 뚝배기의 온도는 올라가지 않는답니다. 만약 A와 B가 둘다 뚝배기라고 가정해도 A와 B의 크기와 질량에 따라서 온도 변화가 다르게 나타날 것입니다.

결론적으로 두 물체를 접촉시켰을 때 한 물체가 잃은 열의 양과 다른 물체가 얻은 열의 양은 같지만, 두 물체의 비열과 질량에 따라 두 물체의 온도 변화는 다를 수 있습니다.

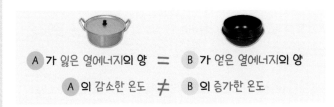

▲ 그림 33-8 A와 B가 주고받은 열의 양은 같지만 온도 변화는 다를 수 있다.

배운 내용 체크하기

✔ 어떤 물질 1g의 온도를 1℃ 높이는 데 필요한 열의 양을 ⓑⓔ이라고 한다.

✔ 물질마다 비열이 다르므로 같은 양의 열을 받아도 온도 변화가 다르게 나타난다.

✔ 온도가 서로 다른 두 물체를 접촉시키면 온도가 높은 물체에서 온도가 낮은 물체로 열이 이동하다가 두 물체의 온도가 같아지는 ⓞⓟⓗ 상태가 된다.

정답

1. 비열 2. 열평형